空调器维修三部曲

# 全彩图解空调器维修实例精解

李志锋 主编

U0345062

机械工业出版社

本书作者有超过 10 年的维修经验，并且一直工作在维修第一线，书中很多内容都是作者长期维修经验的总结，非常有价值。本书采用电路原理图和实物照片相结合，并在图片上增加标注的方法来介绍空调器维修所必须掌握的基本知识和检修方法，重点介绍空调器维修过程中遇到的典型案例，主要内容包括空调器制冷系统故障维修实例、空调器室内机和室外机故障维修实例（这几部分内容为各种类型空调器通用故障）、单相和三相供电柜式空调器故障维修实例、变频空调器故障维修实例（这几部分内容为各种类型空调器典型故障）等。另外，本书附赠有视频维修资料（通过"机械工业出版社 E 视界"微信公众号下载），内含空调器维修实际操作视频文件，能带给读者更直观的感受，便于读者学习理解。

本书适合初学、自学空调器维修人员阅读，也适合空调器维修售后服务人员、技能提高人员阅读，还可以作为职业院校、培训学校空调器相关专业学生的参考书。

## 图书在版编目（CIP）数据

全彩图解空调器维修实例精解/李志锋主编. —北京：机械工业出版社，2017.4 （2018.8 重印）
（空调器维修三部曲）
ISBN 978-7-111-56170-5

Ⅰ.①全… Ⅱ.①李… Ⅲ.①空气调节器 – 维修 – 图解 Ⅳ.①TM925. 120. 7 – 64

中国版本图书馆 CIP 数据核字（2017）第 036912 号

机械工业出版社（北京市百万庄大街 22 号　邮政编码 100037）
策划编辑：刘星宁　责任编辑：朱　林
责任校对：张　薇　封面设计：路恩中
责任印制：李　飞
北京新华印刷有限公司印刷
2018 年 8 月第 1 版第 3 次印刷
184mm×260mm · 15 印张 · 353 千字

标准书号：ISBN 978-7-111-56170-5
定价：49.80 元

近年来，随着全球气候逐渐变暖和人民生活水平的提高，空调器已成为人们生产和生活的必备电器。空调器正在进入千家万户。随之而来的是空调器维修服务的需求在不断增加，这也促使不断有新人涌入这一行业，而他们急需在较短时间内掌握空调器维修所需的基本技能，以便实现快速上岗。而空调器行业的蓬勃发展也促使新技术和新产品不断涌现，并且随着维修工作的开展也会不断碰到新故障和新难点，原有的空调器维修人员也有继续学习不断提高维修技术的需求。本套丛书正是为了满足这些需求而编写的。

本套丛书共分为三本，分别为《全彩图解空调器维修极速入门》《全彩图解空调器电控系统维修》和《全彩图解空调器维修实例精解》。

本套丛书从入门（基础）—电控（提高）—实例（精通）三个学习层次，逐步深入，覆盖空调器维修所涉及的各种专项知识和技能，满足一线维修人员的需求，构建完整的知识体系。本套丛书的作者有超过10年的维修经验，并在多个大型品牌售后服务部门工作过，书中内容源于自己长期实践经验的总结，很多内容在其他同类书中很难找到，非常有价值。另外，本套丛书都提供免费的维修视频供读者学习使用，内容涉及空调器维修实际操作技能，能够帮助读者快速掌握相关技能。读者可通过"机械工业出版社E视界"微信公众号下载该视频。

《全彩图解空调器维修实例精解》是本套丛书中的一种，重点介绍空调器维修过程中遇到的典型案例，主要内容包括空调器制冷系统故障维修实例、空调器室内机和室外机故障维修实例（这几部分内容为各种类型空调器通用故障），单相和三相供电柜式空调器故障维修实例、变频空调器故障维修实例（这几部分内容为各种类型空调器典型故障）等。

需要注意的是，为了与电路板上实际元器件文字符号保持一致，书中部分元器件文字符号未按国家标准修改。本书测量电子元器件时，如未特别说明，均使用数字万用表测量。

本书由李志锋主编，参与本书编写并为本书编写提供帮助的人员有李殿魁、李献勇、周涛、李嘉妍、李明相、李佳怡、班艳、王丽、殷大将、刘提、刘均、金闯、李佳静、金华勇、金坡、李文超、金科技、高立平、辛朝会、王松、陈文成、王志奎等。值此成书之际，对他们所做的辛勤工作表示衷心的感谢。

由于编者能力水平所限，加之编写时间仓促，书中错漏之处难免，希望广大读者提出宝贵意见。

编　　者

# 目　录 CONTENTS

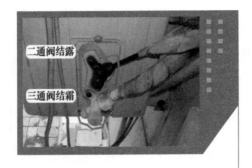

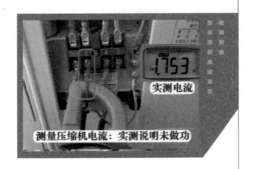

# 第一章

## 空调器制冷系统故障

### 第一节　脏堵故障

#### 一、过滤网脏堵

➡ **故障说明：** 海尔 KFR-35GW 挂式空调器，用户反映制冷效果差。

**1. 测量系统压力**

上门检查，用户正在使用空调器。见图 1-1，查看室外机二通阀结露、三通阀结霜，在三通阀检修口接上压力表测量系统压力约 0.4MPa。根据三通阀结霜说明蒸发器过冷，应检查室内机通风系统。

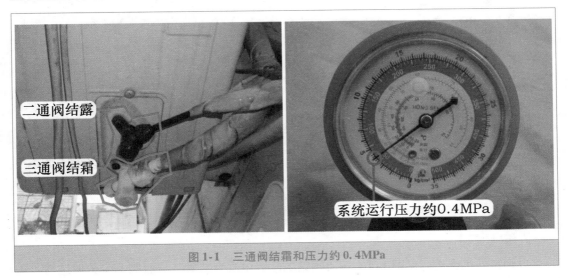

二通阀结露

三通阀结霜

系统运行压力约0.4MPa

图 1-1　三通阀结霜和压力约 0.4MPa

**2. 过滤网脏堵**

再到室内机检查，见图 1-2 左图，在室内机出风口处感觉温度很低但风量较弱，常见原因有过滤网脏堵、蒸发器脏堵、室内风机转速慢等。

掀开进风格栅，见图 1-2 右图，查看过滤网已严重脏堵。

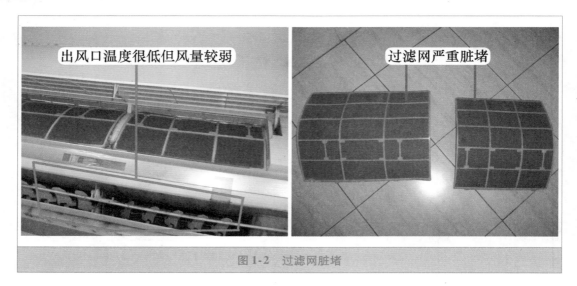

图 1-2　过滤网脏堵

### 3. 清洗过滤网

取下过滤网，立即能感觉到室内机出风口风量明显变大，见图 1-3 左图，将过滤网清洗干净。

见图 1-3 右图，安装过滤网后，在室内机出风口感觉温度较低但风量较强，同时房间内温度下降速度也明显变快。

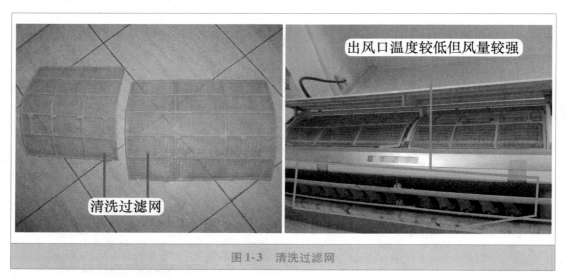

图 1-3　清洗过滤网

### 4. 测量系统压力

再到室外机查看，见图 1-4，三通阀霜层已熔化改为结露、二通阀不变依旧结露，查看系统运行压力已由 0.4MPa 上升至 0.45MPa。

➡ 维修措施：清洗过滤网。

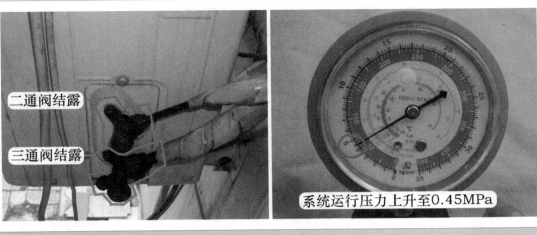

二通阀结露

三通阀结露

系统运行压力上升至0.45MPa

图1-4　三通阀结露和压力为0.45MPa

**总　结：**

1）过滤网脏堵，相当于进风口堵塞，室内机出风口风量将明显变弱，制冷时蒸发器产生的冷量不能及时吹出，导致蒸发器温度过低。运行一段时间后，三通阀因温度过低由结露转为结霜，同时系统压力降低，由0.45MPa下降至约0.4MPa；如果运行时间再长一些，蒸发器由结露也转为结霜。

2）过滤网脏堵后，因室内机出风口温度较低，容易在出风口位置积结冷凝水并滴入房间内。运行时间过长导致蒸发器结霜，蒸发器表面的冷凝水不能通过翅片流入到接水盘，也容易造成室内机漏水故障。

3）检查过滤网脏堵，取下过滤网后，室内机出风口风量将明显变强，蒸发器冷量将及时吹出，因此蒸发器霜层和三通阀霜层迅速熔化，系统压力也迅速上升至0.45MPa。

## 二、　贯流风扇脏堵

➡ **故障说明：** 海信 KFR-26GW/77ZBP 直流变频空调器，用户反映制冷效果差，上门检查发现室内机出风口左侧无风吹出，但右侧出风正常。

**1. 查看遥控器设置**

见图1-5，将遥控器模式设定为"制冷"，风速设定为"高风"，按压"开关"键后，室内机导风板打开，室内风机开始运行，用手在出风框感觉，左侧无风，右侧有风，从出风框向里看，室内风扇（贯流风扇）正在运行。右侧有风也说明贯流风扇运行正常，左侧无风判断贯流风扇脏堵。

**2. 查看贯流风扇**

断开空调器电源，取下室内机外壳，取下电控盒，再取下蒸发器的固定螺钉（俗称螺丝），使用内六方扳手松开室内风机和贯流风扇的固定螺钉，从室内机左侧抽出贯流风扇，见图1-6，发现贯流风扇左侧被毛絮堵塞较为严重，而右侧基本干净。

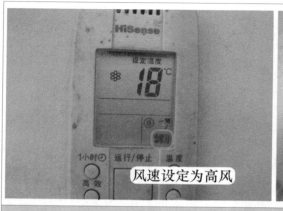
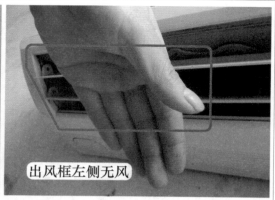

风速设定为高风

出风框左侧无风

图 1-5　遥控器设置高风时在出风框感觉左侧无风

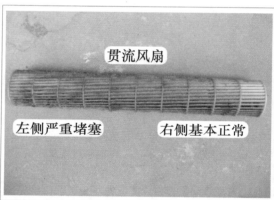

贯流风扇

左侧严重堵塞　　　　右侧基本正常

毛絮堵塞贯流风扇间隙

图 1-6　贯流风扇脏堵

➡ **维修措施**：清洗贯流风扇，见图 1-7。利用自来水管的高压压力仔细清洗，待全部清洗干净后并使劲甩几下，甩干贯流风扇的水滴，安装贯流风扇后试机，遥控器开机后室内机出风框左侧和右侧均出风，且风量比清洗前大很多，房间温度也比清洗前下降变快。

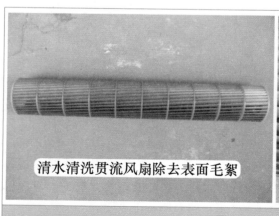

清水清洗贯流风扇除去表面毛絮

贯流风扇局部

图 1-7　清洗贯流风扇

由于毛絮堵塞贯流风扇间隙，因而出风框无风吹出，这在维修中也是一个常见故障，通常也表现为出风量小，或者出风不均匀即时大时小，或者出风口噪声较大并且有"忽忽"的声音。引起此种故障的原因通常是灰尘过多，透过过滤网的缝隙附在贯流风扇表面，因此在清洗贯流风扇后，应把过滤网一并清洗，并提醒用户定时清洗过滤网，可防止类似故障再次发生。

## 三、 蒸发器背面脏堵

➡ **故障说明：** 格力 KFR-120LW/E（1253L）V-SN5 柜式空调器，使用场所为门面房，用户反映制冷效果差，运行一段时间显示 E2 代码，含义为蒸发器防冻结保护。

### 1. 检查出风口和清洗过滤网

上门检查，空调器正常运行，见图 1-8 左图，将手放在室内机出风口处，感觉出风温度较凉但风量很小，到室外机查看，三通阀结霜，说明蒸发器温度过冷。

取下室内机的进风格栅，抽出过滤网，发现严重脏堵，几乎不透气，清洗过滤网干净后试机故障依旧，出风口处风量依然很小。

### 2. 查看室内风机转速

见图 1-8 右图，目测室内风机转速很快，按压"风速"按键转换高风-中风-低风时，能看到明显的速度变化。关闭空调器，待室内风机停止运行，双手扶住室内风扇（离心风扇），再次开机，室内机主板为室内风机供电后，感觉起动力量很有劲，初步判断室内风机转速正常。

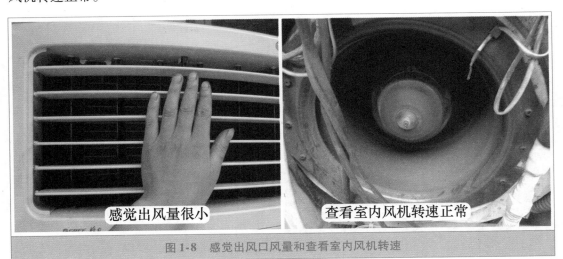

感觉出风量很小　　　查看室内风机转速正常

图 1-8　感觉出风口风量和查看室内风机转速

### 3. 蒸发器背部脏堵

如果过滤网清洗干净、室内风机转速正常，出风口处的风量仍然很小，则还有一个最常见的原因是蒸发器背部脏堵。但由于查看蒸发器背部需要将室内机全部拆开，过程比较麻烦，主要是万一判断错误，安装时需要耽误很长时间。

为判断蒸发器背部是否脏堵，见图 1-9 左图，比较简单的方法是取下离心风扇，将手从进风口伸入，用手摸蒸发器背部来判断：如果脏堵，再拆开室内机清洗即可；如果正常，只需要安装离心风扇和进风口罩圈，实际维修时比较节省时间。

　　本例取下离心风扇，将手从进风口伸入摸蒸发器的背面，感觉尘土很多；于是取下室内机前面板、隔风挡板、出风框，松开蒸发器的固定螺钉，见图1-9右图，观察蒸发器背部已经严重脏堵，从上到下几乎全部附上了一层泥膜。

图1-9　手摸蒸发器背部和背部脏堵

➡ **维修措施：**见图1-10，使用毛刷从上到下轻轻刷过，刷掉附在蒸发器背部的泥膜，清洗干净后安装试机，在出风口感觉出风量明显变大，观察室外机三通阀结露不再结霜，长时间运行不再显示 E2 代码，房间温度也比清洗前下降变快，故障排除。

图1-10　清洗蒸发器

## 四、　冷凝器脏堵

➡ **故障说明：**格力 KFR-32GW 挂式空调器，用户反映制冷效果差，长时间开机仍不能达到设定温度。

**1. 测量系统压力**

上门检查，用户正在使用空调器，在室内机出风口感觉吹出的风不是很凉，到室外机检查，见图1-11，观察到二通阀干燥、三通阀结露，用手摸时感觉二通阀常温、三通阀冰凉，在三通阀检修口接上压力表，测量系统运行压力高于正常值，实测约0.6MPa。

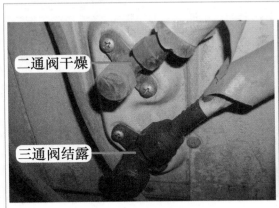
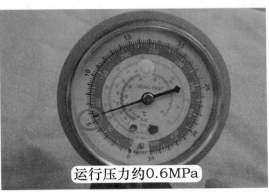

二通阀干燥

三通阀结露

运行压力约0.6MPa

图1-11　二通阀干燥和测量运行压力

**2. 测量电流**

取下室外机接线盖使用万用表交流电流档测量接线端子1号N端电流，见图1-12，实测电流约9.3A，高于额定值5.5A较多。将手放在室外机出风口处，感觉温度很高但风量较弱。

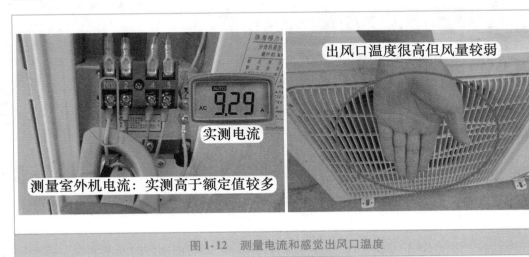

出风口温度很高但风量较弱

实测电流

测量室外机电流：实测高于额定值较多

图1-12　测量电流和感觉出风口温度

**3. 冷凝器脏堵**

二通阀干燥、运行压力和电流均高于正常值、室外机出风口温度较高，说明冷凝器散热效果较差，常见原因有冷凝器脏堵或室外风机转速慢。观察室外机背部时，见图1-13，发现冷凝器严重脏堵，已形成一层毛絮。

图 1-13 冷凝器脏堵

➡ **维修措施：** 见图 1-14，使用毛刷轻轻刷掉表面毛絮，再使用清水清洗冷凝器中的尘土，使冷凝器通风顺畅。安装外壳后再次开机，压缩机和室外风机运行，室内机出风口吹出的风明显变凉，约 15min 后查看二通阀和三通阀均结露，系统运行压力约 0.45MPa，室外机运行电流约 6A，室外机出风口温度明显下降，且上部热、中部温、下部为自然风，综合判断说明故障排除。

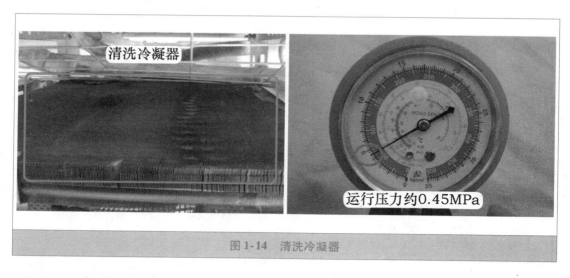

图 1-14 清洗冷凝器

## 五、 冷凝器中间脏堵

➡ **故障说明：** 海尔 KFR-32GW/Z2 挂式空调器，用户反映时而制冷时而不制冷，通常早上和晚上制冷正常，但中午有时不制冷。

**1. 测量系统压力和检查冷凝器**

上门检查，用户正在使用空调器，用手感觉室内机出风口温度不是太凉，到室外机查看，见图 1-15，二通阀干燥、三通阀结露，在三通阀检修口接上压力表，测量系统压力约 0.6MPa，使用万用表交流电流档测量压缩机电流为 7.5A，查看冷凝器后部表面干净，手摸温度时从上到下均较热。

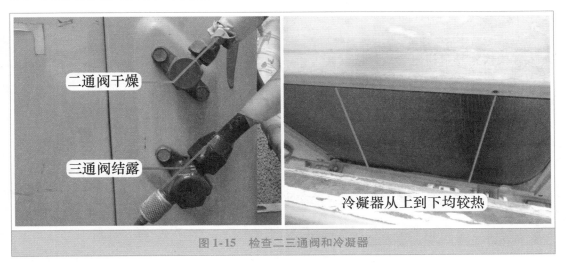

图 1-15　检查二三通阀和冷凝器

### 2. 查看出风口温度

见图 1-16，将手放在室外机出风口四周感觉无风吹出，只有将手放在正上方时才感觉有较弱的风，且温度较高。

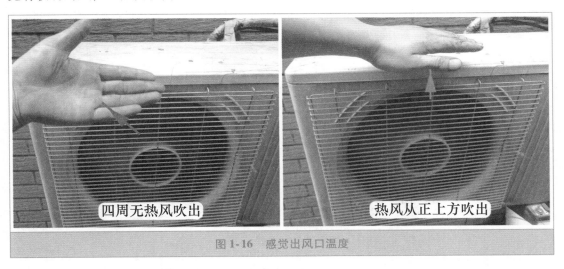

图 1-16　感觉出风口温度

### 3. 代换室外风机电容和查看冷凝器内侧无脏堵

运行几分钟后，查看压缩机电流已升至 10A，且很快电流变为 0A，说明压缩机热保护停机，此时室外风机仍旧运行，取下室外机上盖，目测室外风机转速较快。

断开空调器电源，使用万用表电阻档测量室外机接线端子 1L、2N 阻值为无穷大，也说明压缩机热保护停机，冷凝器散热效果差一般为室外风机转速慢，常见原因为室外风机电容容量变小，见图 1-17 左图，于是使用同型号电容代换，再用凉水给压缩机降温，使内部过载保护器触点闭合，再次通电开机，压缩机和室外风机均开始运行，但感觉室外机出风口温度依旧很高，压缩机电流上升很快，一段时间后仍然因过载保护停机，从而排除室外风机电容故障。

冷凝器散热差还有一个常见原因为脏堵，因外侧无脏堵，见图1-17右图，查看内侧干净也无脏堵现象。

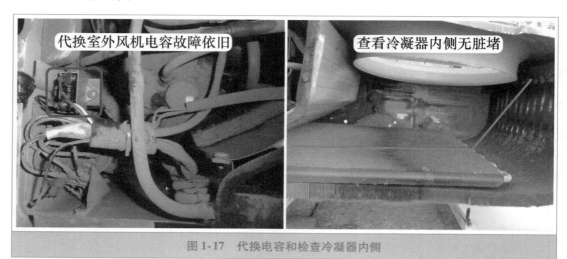

图1-17　代换电容和检查冷凝器内侧

### 4. 查看冷凝器2片之间部分

此机使用2片冷凝器，外侧冷凝器体积较大、内侧冷凝器体积较小，取下室外风机和固定支架或扳开室外风机固定支架后，向外掀开内侧的冷凝器，见图1-18，查看背部即2片冷凝器中间脏堵，毛絮几乎堵死缝隙。

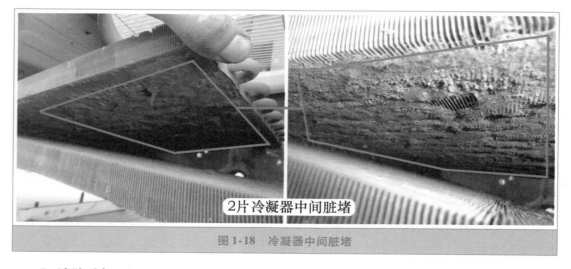

图1-18　冷凝器中间脏堵

### 5. 清除毛絮

因内侧冷凝器左侧和外侧的冷凝器固定在一起，故不能掀开很大的部分，见图1-19，使用毛刷只能清除右侧的毛絮，但左侧的毛絮清除不到。

见图1-20，找一个细长的物体，比如竹棍或铁丝，再找一个牙刷，并使用胶布将牙刷绑在竹棍上面，再使用牙刷清除左侧的毛絮，这样，内侧冷凝器后部即2片冷凝器之间的毛絮全部清除干净。

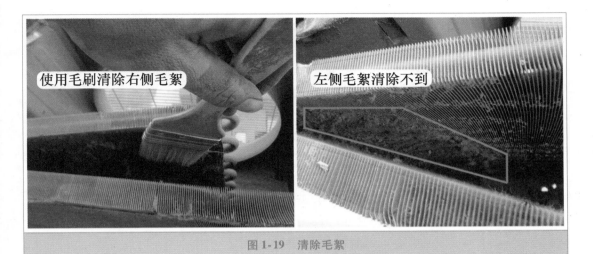

图 1-19　清除毛絮

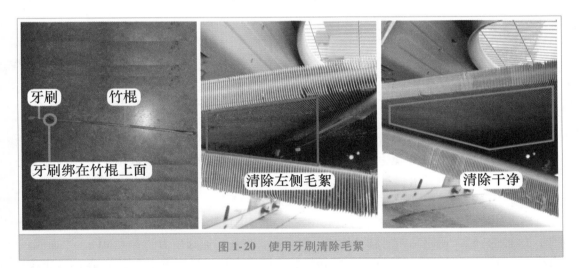

图 1-20　使用牙刷清除毛絮

#### 6. 清洗冷凝器翅片

由于冷凝器翅片中间还附有尘土，见图 1-21，使高压水枪仔细清洗外侧和内侧冷凝器的翅片，清洗干净后依次安装室外风机固定支架、室外风机、室外机前盖，恢复线路后通电试机，长时间运行压缩机不再停机保护，查看二通阀和三通阀均结露、冷凝器温度明显下降，系统运行压力约 0.5MPa，压缩机运行电流约 6A，房间内温度下降速度明显加快，长时间运行也不再保护停机，故障排除。

➡ 维修措施：清除冷凝器 2 片中间的毛絮，再使用高压水枪清洗翅片。

> 总结：
>
> 1）冷凝器 2 片中间脏堵有毛絮，在实际维修中也有遇到，故障相对隐蔽，查找时比较费劲。
> 2）经实践比较简单的方法是：用手感觉室外机出风口温度，正常空调器出风位置在出风口四周，2 片冷凝器中间脏堵时其出风位置在正上方。

清洗外侧冷凝器翅片　　　　清洗内侧冷凝器翅片　　　　清洗干净

图 1-21　清洗冷凝器翅片

## 六、　冷凝器脏堵

➡ 故障说明：格力 KFR-120LW/E（12568L）A1-N2 柜式空调器，用户反映刚开机时制冷，但不定时停机并显示 E1 代码，早上或晚上可正常运行或运行很长时间才显示 E1 代码，中午开机时通常很快就显示 E1 代码，同时感觉制冷效果变差。查看 E1 代码含义为制冷系统高压保护。

**1. 感觉出风口温度和测量系统运行压力**

根据用户描述早上和晚上开机时间长、中午开机时间短，判断故障应在通风系统。上门检查，重新通电开机，室内机和室外机均开始运行，在室内机出风口感觉温度较凉，说明压缩机已开始运行。

到室外机检查，见图 1-22，将手放在室外机出风口，感觉出风口温度很烫并且风量很小；在室外机二通阀和三通阀处均接上压力表，查看三通阀压力约 0.47MPa、二通阀压力约 2.7MPa，但随着时间运行，三通阀和二通阀压力均慢慢上升，查看显示 E1 代码瞬

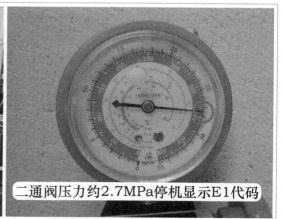

感觉出风口温度很烫且风量很小　　　　二通阀压力约2.7MPa停机显示E1代码

图 1-22　感觉出风口温度和测量二通阀压力

间即室外机停机时，二通阀压力约2.7MPa，接近高压压力开关3.0MPa的动作压力，判断本例显示E1代码的原因为压缩机排气管压力过高，导致高压压力开关触点断开。

**2. 冷凝器脏堵**

压缩机排气管压力过高通常由于散热系统出现故障所致，常见有室外风机转速慢、冷凝器脏堵，此机为单位机房使用，刚购机约1年，可排除室外风机转速慢；见图1-23，查看冷凝器背部时，发现整体已被灰尘完全堵死。

图1-23 冷凝器脏堵

**3. 清洗灰尘**

断开空调器电源，取下背部的防护网，见图1-24，使用毛刷轻轻地上下划过冷凝器，刷掉表面的灰尘，并将冷凝器的灰尘全部清洗干净。

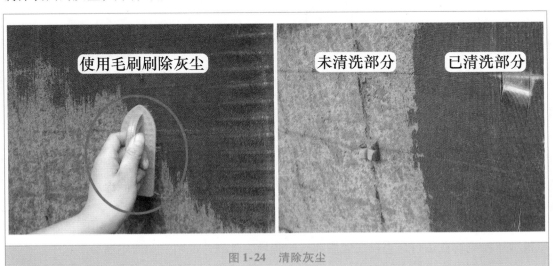

图1-24 清除灰尘

**4. 清水清洗冷凝器和测量二通阀压力**

将冷凝器表面灰尘全部清除，再将空调器开机，待室外风机运行时，使用毛刷反复横向划过冷凝器，可将翅片中的尘土吹出，待吹干净后，再将空调器关机，见图1-25左图，并使用清水清洗冷凝器，可将翅片中的尘土最大程度冲掉。

再次开机，通过长时间运行，空调器不再停机，也不再显示E1代码，同时制冷效果比清洗前好很多，见图1-25右图，测量系统压力，二通阀压力约1.5MPa且保护稳定不再上升、三通阀压力约0.45MPa。

清除尘土后，再用清水清洗，开机后二通阀压力约1.5MPa

图1-25 清洗冷凝器和测量二通阀压力

**总结：**

1）冷凝器脏堵所占E1故障代码的比例约为70%，尤其是单位机房、饭店等长期使用空调器的场所。

2）通常情况下，只要是用户反映不定时关机并显示E1代码，绝大部分就是冷凝器脏堵，有条件的情况下直接带上高压清洗水泵，清洗冷凝器后即可排除故障。

# 第二节　连接管道故障

## 一、室内机粗管螺母漏氟

➡ **故障说明：**海尔KFR-72LW/01CCC12T柜式空调器，用户反映不制冷。

**1. 测量系统压力和室外机接口**

上门检查，遥控器开机，室内风机运行，但出风口为自然风。到室外机检查，室外风机和压缩机均在运行，手摸二通阀和三通阀均为常温，说明空调器不制冷。

在三通阀检修口接上压力表，见图1-26，测量系统运行压力为负压，说明系统无氟，使用遥控器关机，室外机停止运行，系统静态压力约0.3MPa，向系统充入氟R22使压力升至约1.0MPa用于检漏，首先检查室外机二通阀和三通阀接口无油迹，使用洗洁精泡沫检查无漏点，取下室外机顶盖，检查室外机系统和冷凝器无明显油迹，初步排除室外机漏氟故障。

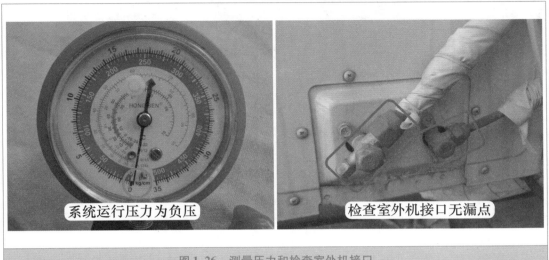

图 1-26　测量压力和检查室外机接口

**2. 室内机连接管道油迹较多**

取下室内机进风格栅，解开包扎带，见图 1-27，发现连接管道有明显油迹，并且粗管油迹较多，初步判断漏氟部位在室内机。

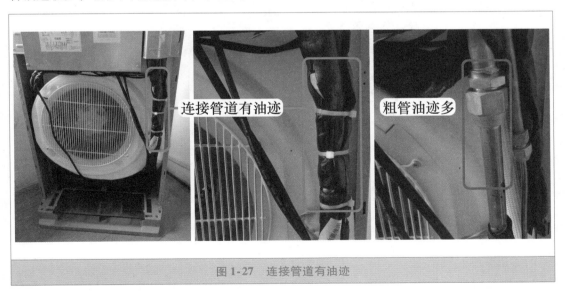

图 1-27　连接管道有油迹

**3. 检查接口**

见图 1-28，将洗洁精泡沫涂在室内机粗管和细管接口，仔细查看，发现细管螺母正常，粗管螺母冒泡，说明此处漏氟，应使用大扳手拧紧。

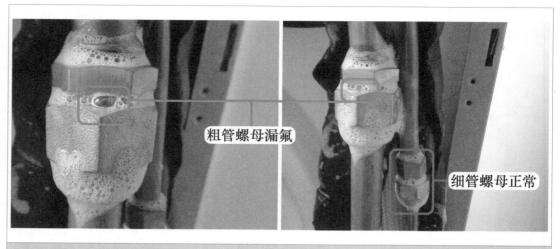

图1-28 检查室内机接口

### 4. 使用扳手紧固

使用2个大扳手，见图1-29，将粗管螺母使劲拧紧，再次使用洗洁精泡沫检查，依旧有气泡冒出，并且比拧紧之前速度更快，说明漏氟原因不是螺母没有拧紧，而是铜管喇叭口和快速接头没有对好。

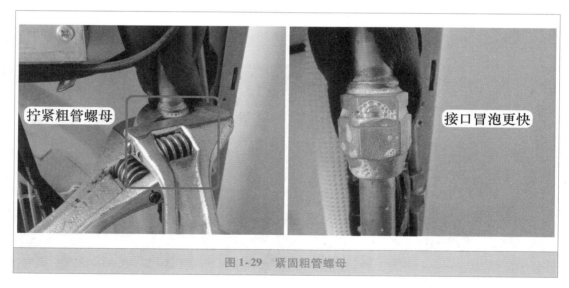

图1-29 紧固粗管螺母

### 5. 重新安装喇叭口

使用毛巾擦干螺母上泡沫，再次通电开机，回收制冷剂后断开空调器电源，见图1-30，使用扳手松开粗管螺母并取下，将粗管喇叭口和快速接头对好，再用一只手扶住铜管不动，另一只手安装粗管螺母并拧紧，再使用大扳手拧紧粗管螺母。

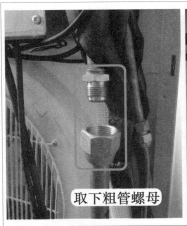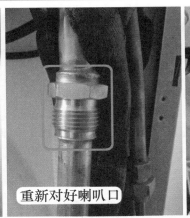

取下粗管螺母 　　重新对好喇叭口 　　拧紧粗管螺母

图1-30　重新安装喇叭口和拧紧螺母

**6. 检漏和包扎管道**

　　打开二通阀阀芯，松开压力表处加氟管接口，排出室内机系统内空气后拧紧，查看此时系统静态压力仍约1.0MPa，可用于检漏。见图1-31左图，再次使用洗洁精泡沫仔细检查粗管螺母，发现不再有气泡冒出，说明漏氟部位故障已排除。

　　完全打开二通阀和三通阀阀芯，再放空系统内制冷剂后，使用氟R22顶空，排除系统内空气，并再次通电开机加氟，当压力至0.35MPa时停止加注，关机后再次使用泡沫检查粗管和细管接口，依旧无气泡冒出，见图1-31右图，使用包扎带包扎连接管道，安装进风格栅后再次通电开机，补氟R22至0.45MPa时系统制冷恢复正常。

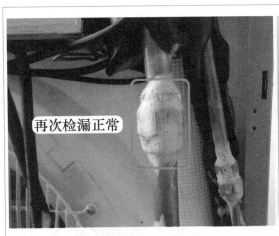

再次检漏正常 　　包扎连接管道

图1-31　检漏和包扎管道

➡ **维修措施**：重新安装粗管喇叭口并排空加氟，制冷恢复正常。

**二、　室内机细管螺母滑丝**

➡ **故障说明**：格力KFR-32GW挂式空调器，新装机约2个月，用户反映使用时不制冷，使用 R22 制冷系统。

**1. 室内机接口细管螺母漏氟**

上门检查，遥控器开机，室外机运行，在三通阀检修口接上压力表，系统运行压力为负压，说明系统无氟，检查二通阀和三通阀阀芯均完全打开。向系统内充入氟 R22 提高静态压力以用于检漏，使用泡沫检查室外机接口无漏点，此机无加长连接管道，因此应检查室内机接口。

取下室内机，见图 1-32 左图，手摸连接管道包扎带有油迹，判断漏点在室内机。

在解开连接管道包扎带过程中，能听到"嗞嗞"的声音，见图 1-32 右图，解开包扎带后发现室内机细管接头结霜，说明细管接头漏氟。

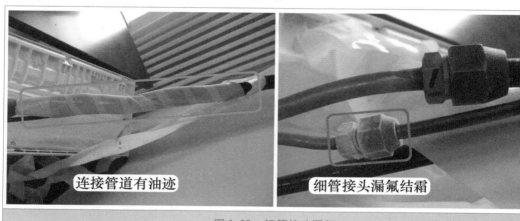

连接管道有油迹　　　　　细管接头漏氟结霜

图 1-32　细管接头漏氟

**2. 快速接头和细管螺母滑丝**

在室外机关闭二通阀和三通阀阀芯，即将冷凝器的 R22 保存起来，连接管道和蒸发器的 R22 从室内机接口处泄漏掉。

取下室内机接口处的细管螺母，见图 1-33，发现细管快速接头丝纹已滑丝、细管螺母丝纹也已经滑丝。

细管快速接头滑丝　　　　　细管螺母滑丝

图 1-33　细管快速接头和细管螺母滑丝

### 3. 更换细管螺母

细管快速接头滑丝，按正常维修方法应当更换蒸发器和细管螺母，但查看快速接头只是前部丝纹滑丝、后部丝纹正常，见图 1-34 左图，使用 1 个新螺母安装在细管快速接头可安装到位。

使用割刀割下原机喇叭口，取出原机细管螺母，将新螺母套在细管上面，并使用偏心型扩口器扩喇叭口，将喇叭口与快速接头椎面对好后，使用活动扳手慢慢地拧紧细管螺母，见图 1-34 右图。

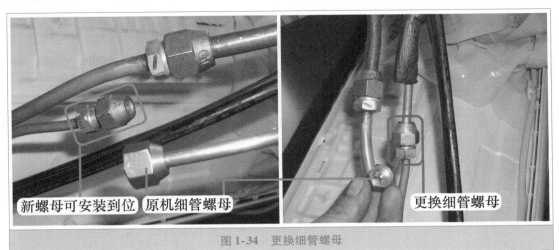

图 1-34　更换细管螺母

### 4. 检漏加氟

利用冷凝器保存的氟 R22 对蒸发器和连接管道排空后，再向制冷系统加注液态氟 R22，以提高检漏压力，待系统静态压力约 0.9MPa 时，见图 1-35 左图，使用洗洁精泡沫检查室内机接口的粗管和细管螺母，均无气泡冒出，说明漏点故障已排除。

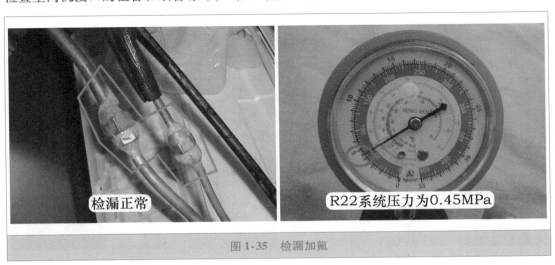

图 1-35　检漏加氟

使用包扎带包扎连接管道，并将室内机挂在墙壁挂板，一定要小心注意不能碰到细管接头。使用遥控器制冷模式开机，见图 1-35 右图，补加氟 R22 至运行压力为 0.45MPa

时，手摸室外机二通阀和三通阀冰凉，说明制冷系统已恢复正常。

➡ 维修措施：更换室内机细管螺母。

┌─ 总　结：────────────────────────────

　　1）本例故障由安装人员引起。安装连接管道室内机接头时，由于细管螺母和快速接头未对好便使用活动扳手紧固，最终导致细管快速接头和细管螺母的丝纹均滑丝。

　　2）本例只更换细管螺母便排除故障，原因1是使用的新螺母丝纹较好，原因2是细管快速接头丝纹损坏的不是很严重。假如本例更换细管螺母检漏时仍旧漏氟，则需要同时更换蒸发器和细管螺母。

└────────────────────────────────

## 三、　加长连接管道喇叭口偏小

➡ 故障说明：格力 KFR-26GW/（26556）FNPa-4 凯迪斯系列直流变频空调器，使用无氟制冷剂 R410A，用户于 2011 年 4 月购机安装，但很少使用，在 2012 年夏天使用时发现长时间开机但不制冷，约 2h 后停机，并显示 H3 代码，查看含义为"压缩机过载保护"。

**1. 室外机粗管螺母有漏点**

上门检查，遥控器制冷模式开机，室外机运行，在三通阀检修口接上压力表，测量系统压力约 0.05MPa，说明系统内已无制冷剂，室外机运行电流约 2A。使用遥控器关机，系统静态压力约 0.5MPa。

见图 1-36 左图，观察室外机二通阀干净无油迹，但三通阀和连接管均有油迹，判断为漏点部位。

将洗洁精泡沫涂在粗管和细管螺母，均未发现漏点。于是向系统内充入 R410A 提高静态压力，以用于检漏，当系统压力约 1.5MPa 时停止注入 R410A。再次使用泡沫检查时，见图 1-36 右图，粗管螺母处已明显冒泡，说明粗管螺母处有漏点。

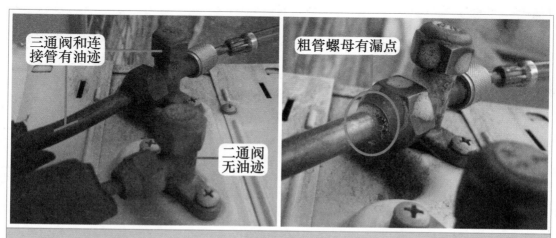

图 1-36　三通阀有油迹和粗管螺母有漏点

使用活动扳手紧固粗管螺母时感觉拧得已经很紧，但再次检漏时依旧冒泡，说明漏点故障不是由粗管螺母未拧紧引起，应检查粗管喇叭口。

**2. 检查粗管喇叭口**

遥控器再次开机，将蒸发器和连接管道的 R410A 回收至室外机冷凝器中，并关闭二通阀和三通阀阀芯。

见图 1-37 左图，使用扳手松开粗管螺母，目测粗管喇叭口偏小。

见图 1-37 右图，使用割刀割掉粗管喇叭口后，将喇叭口对在三通阀的椎面，喇叭口体积只有三通阀椎面的三分之一，确定泄漏原因为粗管喇叭口偏小。

图 1-37　粗管喇叭口偏小

**3. 扩口**

见图 1-38，使用偏心型扩口器重新对粗管扩喇叭口，将扩好的喇叭口对在三通阀的椎面，新喇叭口体积和三通阀椎面基本相同。

图 1-38　重新扩粗管喇叭口

**4. 检漏并加注制冷剂**

将喇叭口对好并拧紧粗管螺母，排空后打开二通阀和三通阀阀芯，系统静态压力约 1.5MPa，再次使用泡沫检漏，见图 1-39 左图，粗管螺母处已不再冒泡，说明漏点故障已排除。

　　放空系统内剩余的 R410A，并使用真空泵抽真空，再定量加注 R410A，遥控器开机后压缩机和室外风机均开始运行，手摸二通阀和三通阀温度均开始变凉，室外机运行一段时间后待压缩机升至高频时，见图 1-39 右图，系统运行压力约 0.7MPa，运行电流约 5.8A，遥控器关机后压缩机停机，系统静态压力约 1.5MPa。

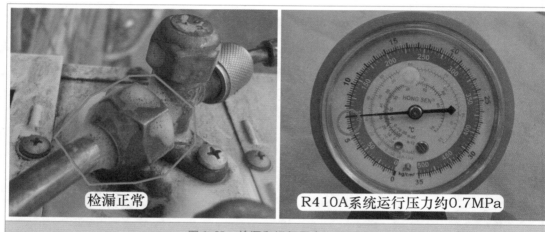

检漏正常

R410A系统运行压力约0.7MPa

图 1-39　检漏和运行压力 0.7MPa

➡ **维修措施**：粗管喇叭口偏小导致漏点，重新扩口并加注 R410A。

┌─ 总结：

　　本例故障由安装人员引起。本机因室内机和室外机距离过长，加长约 2m 的连接管道，安装人员割掉原机配管的粗管和细管喇叭口，二通阀和三通阀处的喇叭口由安装人员现场扩口，但扩口偏小有漏点导致 R410A 泄漏，出现不制冷故障。

## 四、加长连接管道焊点有沙眼

➡ **故障说明**：格力 KFR-23GW 挂式空调器，用户反映刚安装制冷正常，一段时间后制冷效果差。

　　上门检查，制冷开机，室外风机和压缩机开始运行，空调器开始制冷，但在室内机出风口感觉出风温度不凉，手摸蒸发器一部分较凉、一部分为常温，初步判断系统缺氟。

　　到室外机查看，二通阀结霜、三通阀结露，在三通阀检修口接上压力表，系统运行压力约 0.15MPa，说明系统缺氟。由于是新装机空调器，并且有加长连接管道，重点检查室外机接口、室内机接口、加长连接管道焊点。

　　使用遥控器关机，压缩机和室外风机停止运行，查看系统静态压力约 0.7MPa，可用于检漏，使用洗洁精泡沫检查室外机接口、室内机接口均无漏点。

### 1. 加长连接管道

　　解开包扎带，找到原机管道和加长管道连接部位，见图 1-40，查看连接管道中粗管有明显的油迹，初步判断漏点为原机管道和加长管道的焊点。

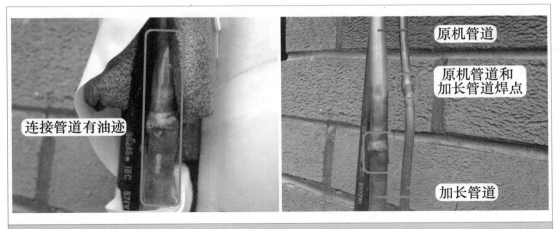

图1-40　加长连接管道有油迹

### 2. 粗管焊点漏氟

将洗洁精泡沫涂在管道焊点，查看细管焊点无气泡冒出，但粗管焊点有气泡冒出，见图1-41左图，说明漏氟部位为粗管焊点。

擦去焊点泡沫，仔细查看粗管焊点，见图1-41右图，发现有一个沙眼，说明安装人员在加长连接管道时焊点未焊好，有沙眼使得系统漏氟，导致出现制冷效果差故障。

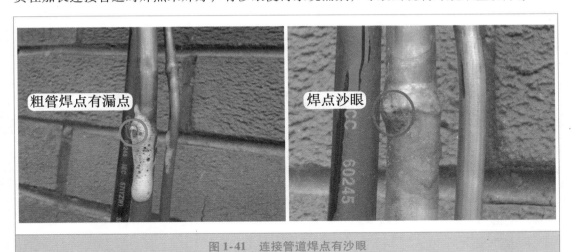

图1-41　连接管道焊点有沙眼

### 3. 扩口焊接粗管焊点

再次使用遥控器开机，待压缩机运行后关闭二通阀阀芯，系统压力变为负压时快速关闭三通阀阀芯，将蒸发器和连接管道的制冷剂回收到冷凝器中。

见图1-42左图，使用割刀割掉有沙眼的粗管焊点，并重新扩口、使用焊枪焊接接口。

利用冷凝器中的制冷剂排除空气，开启二通阀和三通阀阀芯，见图1-42右图，再次使用洗洁精泡沫涂在粗管焊点，检查不再有气泡冒出，说明粗管焊点不再漏氟。

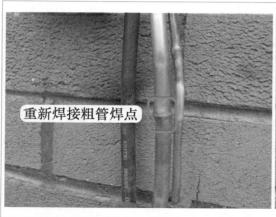

重新焊接粗管焊点　　　　　　　　　　检漏正常

图 1-42　补焊连接管道焊点

➡ 维修措施：重新焊接粗管焊点，制冷开机后，补加氟 R22 至 0.45MPa 时制冷系统恢复正常。

┌─ 总　结：┐

1）新装机漏氟故障应重点检查室外机接口、室内机接口、加长连接管道焊点。

2）安装空调器时，如果需要加长连接管道，但又未携带焊枪或焊枪无法使用，无法焊接焊点，常用方法是使用快速接头连接原机管道和加长管道。但由于快速接头有 4 个接口，并且需要在安装现场扩喇叭口，导致快速接头成为常见漏氟故障部位之一。

## 第三节　机内管道裂纹

### 一、压缩机排气管裂

➡ 故障说明：美的 KFR-26GW/BP2DY-M（4）挂式直流变频空调器，用户反映开机后不制冷，室内房间温度一直不下降。

**1. 排气管漏氟**

上门检查，遥控器制冷开机，压缩机和室外风机均开始运行，但空调器不制冷。关机后在室外机三通阀检修口接上压力表，显示压力为 0MPa，说明系统无氟，使用扳手紧固粗管和细管螺母均拧得很紧，二通阀和三通阀的堵帽也拧得很紧，排除室外机连接管处漏氟，由于室外机振动部位较多，容易发生漏氟故障，因此为整机充入静态的氟用于检漏，取下室外机上盖和前盖，仔细检查为压缩机排气传感器检测孔处漏氟，见图 1-43，此处由于焊接检测孔导致管壁变薄，运行时在焊点处产生裂纹而导致漏氟。

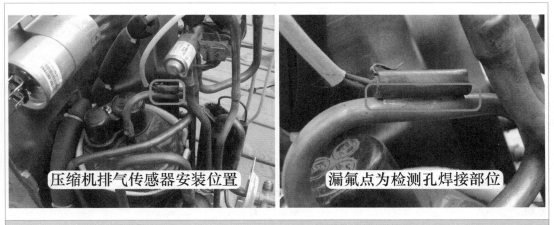

图 1-43　压缩机排气传感器安装位置和漏氟部位

**2. 补焊漏氟点和固定压缩机排气传感器**

放空系统内的氟 R22，使用焊枪焊下检测孔，将检测孔焊接位置处很长的一段铜管全部使用焊条补焊，见图 1-44 左图，以避免维修后其他部位再次漏氟。

由于故障为压缩机排气传感器检测孔引起，因此焊下不再使用，见图 1-44 右图，使用铁丝等物品直接固定压缩机排气传感器。

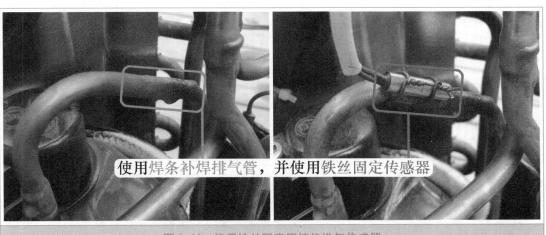

图 1-44　使用铁丝固定压缩机排气传感器

➡ 维修措施：见图 1-44，补焊压缩机排气管。

**总　结：**

1）压缩机排气传感器检测孔焊点处漏氟是变频空调器的一个通病，在维修时一定要将检测孔取下不再使用，或改焊在排气管上附近的位置（如消音器上），如将焊点补焊后仍将检测孔焊接在原位置，则一段时间后会再次出现此类故障。

2）本例故障只会出现在 2008 年 11 月以前生产的美的空调器上面，之后生产的压缩机排气传感器改为卡扣安装，使用塑料拉丝固定，见图 1-45，可以避免本例故障。

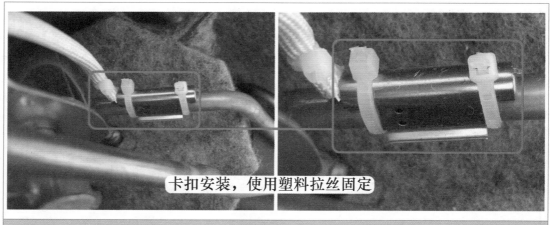

卡扣安装，使用塑料拉丝固定

图1-45　目前生产的美的空调器压缩机排气传感器固定方式

## 二、　室外机机内管道漏氟

➡️ **故障说明：** 格力 KFR-23GW 挂式空调器，用户反映不制冷。

**1. 测量系统运行压力**

遥控器制冷模式开机，室外风机和压缩机均开始运行，但室内机吹风接近自然风，手摸蒸发器仅有一格凉且结霜，大部分为常温。

见图1-46，到室外机检查，目测二通阀结霜、三通阀干燥，在三通阀检修口接上压力表，系统运行压力仅为 0.15MPa，说明系统缺氟。

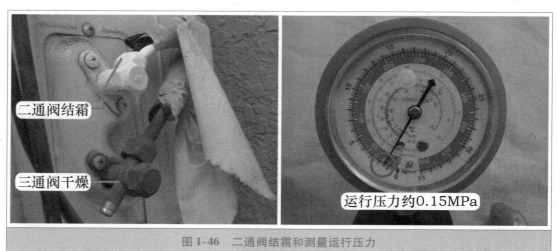

二通阀结霜

三通阀干燥

运行压力约0.15MPa

图1-46　二通阀结霜和测量运行压力

**2. 检查漏点**

断开空调器电源，查看系统静态压力约 0.8MPa，可用于检漏。见图1-47，首先使用洗洁精泡沫检查室外机二通阀和三通阀处接口，长时间观察均无气泡冒出；再到室内机，剥开包扎带，检查粗管和细管接口，长时间观察也无气泡冒出，说明室内机和室外机接口均正常，使用扳手紧固室内机和室外机接口，再次开机加氟至正常压力 0.45MPa 时制冷恢复正常。

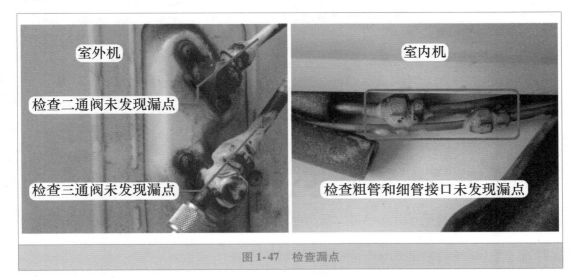

图 1-47　检查漏点

### 3. 检查室外机机内管道

用户使用约 5 天后再次报修不制冷，上门检查，系统运行压力又降至约 0.1MPa，说明制冷系统有漏氟故障，由于室外机振动较大，故障率也较高。取下室外机顶盖和前盖，见图 1-48，观察系统管道有明显的油迹，说明漏点在室外机管道，使用泡沫检查时，发现漏点为压缩机吸气管裂纹，原因是压缩机吸气管与四通阀连接管距离过近，压缩机运行时由于振动相互摩擦，导致管壁变薄最终产生裂纹引起漏氟故障。

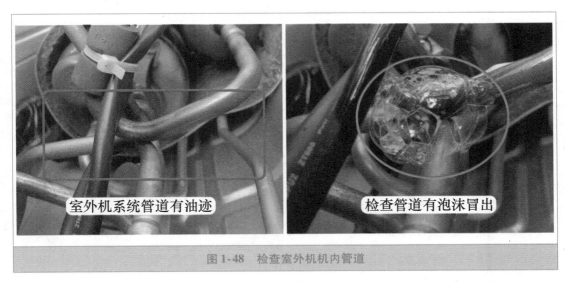

图 1-48　检查室外机机内管道

➡ 维修措施：见图 1-49，放空制冷系统的氟，使用焊枪补焊压缩机吸气管和四通阀连接管，再使用顶空法排除系统内空气，检查焊接部位无漏点，再次开机加氟至 0.45MPa 时制冷恢复正常，室外机二通阀和三通阀均结露。

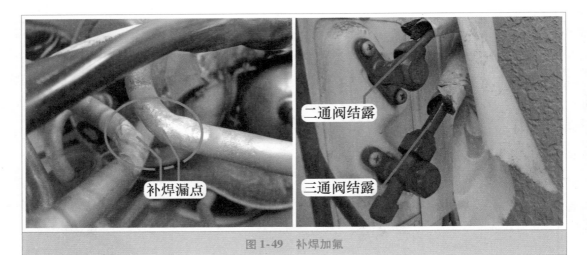

图 1-49  补焊加氟

## 三、 冷凝器管道漏氟

➡ **故障说明:** 格力 KFR-120LW/E（1253L）V-SN5 空调器，用户反映制冷效果极差，几乎不制冷，运行一段时间显示 E4 故障代码，查看含义为压缩机排气管高温保护。

**1. 查看冷凝器背面和测量三通阀压力**

上门检查，空调器正在运行，在室内机出风口感觉温度较高，基本上接近常温，手摸粗管接近常温，判断制冷系统缺氟。

检查室外机，见图 1-50，查看冷凝器背面，整体干净，可排除冷凝器脏堵故障；在三通阀检修口接上压力表，实测压力仅约为 0.1MPa，说明系统缺氟。

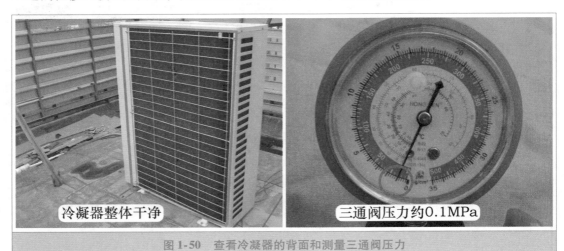

图 1-50  查看冷凝器的背面和测量三通阀压力

**2. 测量压缩机排气传感器的电压和阻值**

使用万用表直流电压档，见图 1-51 左图，红表笔接扁形对接插头中公共端白线（直流 5V），黑表笔接压缩机排气传感器红线，在显示板 CPU 控制压缩机和室外风机停机并显示 E4 故障代码时，实测电压约为 0.4V。

28

此时迅速拔下压缩机排气传感器插头，使用万用表电阻档，见图 1-51 右图，测量阻值约为 0.8kΩ，并且由于压缩机停机，排气管温度逐渐下降，其阻值也慢慢上升，用手摸压缩机排气管，感觉极烫，也确定了压缩机排气管实际温度的确很高，故障由系统缺氟引起。

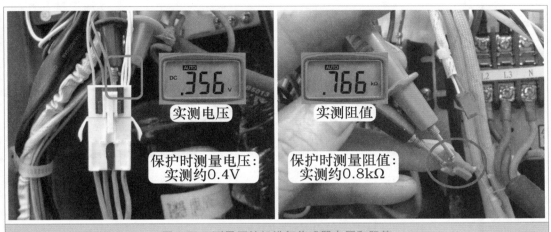

图 1-51　测量压缩机排气传感器电压和阻值

### 3. 查找漏点

使用一盆凉水为压缩机和排气管降温，并再次开机，压缩机运行，向系统内加氟时，在电控盒上部有大量气体冒出，判断漏点部分在冷凝器上部。

将空调器关机并停止供电，取下室外机顶盖和电控盒，见图 1-52，查看冷凝器上油迹较多，使用肥皂泡沫检漏时，发现进气支管焊点有气泡冒出，说明焊点开焊。

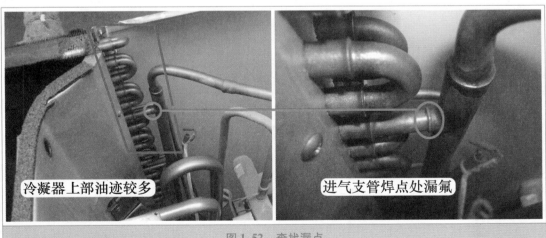

图 1-52　查找漏点

➡ 维修措施：见图 1-53，补焊加氟。取下室外机二通阀上的细管螺母，放净系统内的氟 R22，使用焊枪补焊进气支管焊点。注意，在补焊时尽量要将对应的冷凝器焊点一起补焊，防止在补焊进气支管焊点时，热量将冷凝器焊点熔开，造成二次漏氟；补焊完成后顶空加氟，测量三通阀检修口压力至 0.5MPa 时手摸回气管（粗管）冰凉，制冷恢复正常，压缩机长时间运行，显示板也不再显示 E4 故障代码。

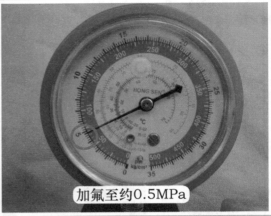

补焊漏点

加氟至约0.5MPa

图 1-53　补焊加氟

**总　结：**

1）此机空调器是正在使用过程中，冷凝器进气支管焊点开焊引起漏氟，回气管温度逐渐变高，制冷效果逐渐变差，压缩机温度也逐渐升高，显示板 CPU 检测后停止压缩机和室外风机供电并显示 E4 故障代码。

2）假如此机焊点开焊后长时间未用，系统内的氟 R22 基本上快漏完后，再次开机，三通阀压力低于 0.05MPa，低压压力开关断开，即低压保护电路断开，显示板 CPU 检测后停止压缩机和室外风机供电，显示 E3 故障代码（含义为制冷系统低压保护）。

3）由此可见，同样是制冷系统漏氟，漏的程度不同，所表现的故障现象也不相同（E4 故障代码时，室外机运行时间不固定且时间相对较长；E3 故障代码时，室外机只能运行约 3min），并显示不同的故障代码。

## 四、　冷凝器铜管内漏

➡ **故障说明：** 海尔 KFR-35GW/02PAQ22 挂式变频空调器，用户刚装机时间不长，刚开始时制冷正常，但现在需要长时间开机房间内温度才能下降一点，说明制冷效果变差。

**1. 检查室外机和室内机接口**

上门检查，使用遥控器开机，室内机和室外机均开始运行，用手在室内机出风口感觉温度不是很凉，到室外机检查，发现二通阀结霜，说明系统缺 R410A，在三通阀检修口接上压力表测量系统运行压力约为 0.1MPa，也说明系统缺 R410A。

使用遥控器关闭空调器，压缩机停止运行，系统静态压力约为 1.5MPa，可用于检漏，见图 1-54，使用洗洁精泡沫涂在室外机二通阀和三通阀接口，查看无气泡冒出，说明无漏点；取下室内机下部卡扣，解开包扎带，将泡沫涂在室内机粗管和细管接口，查看无气泡冒出，说明室内机无漏点；由于新装机的漏氟故障通常为接口未紧固，于是使用活动扳手将室内机接口和室外机接口均紧固后，遥控器开机补加 R410A 至 0.7MPa 时制冷恢复正常。由于此机加长有连接管道，且 1 个焊点位于墙壁内，告知用户如制冷效果变差将需要 2 个人上门维修。

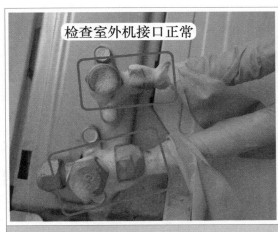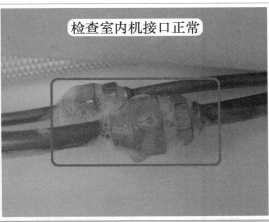

检查室外机接口正常　　　检查室内机接口正常

图 1-54　检查室外机和室内机接口

**2. 检查加长管道接口和室内外机系统**

约 15 天后，用户再次报修制冷效果差，再次上门检查，使用遥控器开机，室内风机和室外机运行，到室外机查看时，二通阀结霜，说明系统缺 R410A，测量系统运行压力约为 0.2MPa，关机后系统静态压力约为 1.6MPa，可用于检查漏点。

取下室内机，将连接管道向里送，找到加长管道焊点，见图 1-55，使用洗洁精泡沫检查无气泡冒出，说明焊点正常，取下室外机顶盖和前盖，仔细查看系统和冷凝器管道无明显油迹，再用手摸常见故障部位的管道也感觉没有油迹，再将泡沫涂在相关部位也无气泡冒出，初步排除室外机系统故障。

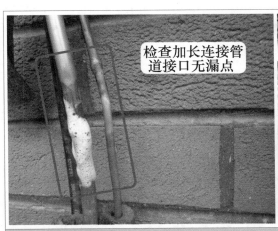

检查加长连接管
道接口无漏点　　　检查室外机
系统无漏点

图 1-55　检查加长管道接口和室外机系统

**3. 检查室内机蒸发器和手摸冷凝器后部**

取下室内机外壳，见图 1-56 左图，仔细查看蒸发器左侧和右侧管壁无明显油迹，将泡沫涂在管壁和连接管道弯管处仔细查看，均无气泡冒出，也初步排除室内机故障，由于找不到漏点部位，需要拉回修理处处理，但夏天天热用户着急使用空调器暂时不让拉回,维修时应急补加 R410A 使运行压力至 0.8MPa 时制冷恢复正常。

待约 15 天后用户再次报修制冷效果差,与用户协商将空调器整机拆回维修,再次仔细检查蒸发器和室外机管道仍无漏点。

见图 1-56 右图,查看冷凝器背部,下方有少许不明显的脏污,判断漏点在冷凝器翅片部位,但使用泡沫不能检查,需要拆下冷凝器单独检查。

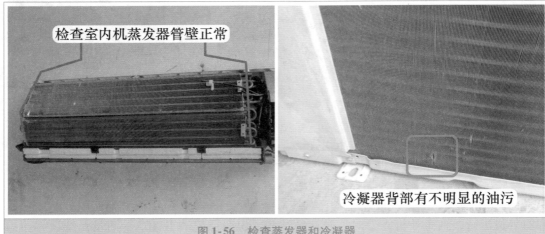

图 1-56　检查蒸发器和冷凝器

### 4. 检查冷凝器

取下室外风机和固定支架,再取下固定冷凝器的螺钉,见图 1-57 左图,在室外机使用焊枪焊下进口部位的铜管,再找 1 段 10mm 和 6mm 的铜管焊在进口部位,并连接压力表;在室外机取下二通阀的固定螺钉,使用内六方将阀芯完全关闭,并使用堵帽堵在二通阀处。

向冷凝器内充入 R410A,使压力升至约 1.2MPa 用于检漏,见图 1-57 右图,冷凝器放入水盆,将初步判断漏点部位的翅片淹没在清水中。

➡ 说明:空调器拉回修理处后如果条件允许,可充入氮气检漏。

图 1-57　取下冷凝器后放入水盆

### 5. 检查漏点

见图 1-58，冷凝器放入水盆后，立即发现有气泡冒出，也确定漏点在冷凝器，根据冒泡部位，确定出大致铜管位置，使用螺钉旋具（俗称螺丝刀）将翅片撬向两边，以露出铜管，再将冷凝器放入水盆中，可看到铜管处快速向外冒泡。

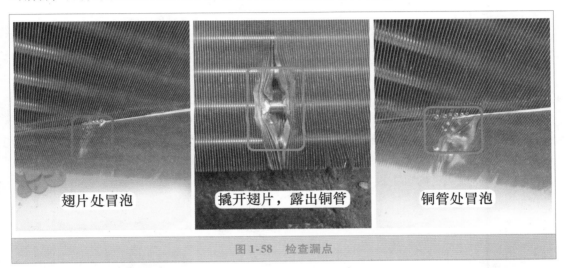

翅片处冒泡　　撬开翅片，露出铜管　　铜管处冒泡

图 1-58　检查漏点

### 6. 补焊漏点

确定出冷凝器漏点部位后，拧开压力表旋钮，放空冷凝器的 R410A，见图 1-59，使用焊枪补焊铜管，补焊后再次向冷凝器充入 R410A 至静态压力约为 1.2MPa 用于检漏，并将焊接部位放入水盆，查看无气泡冒出，说明漏点故障已排除。

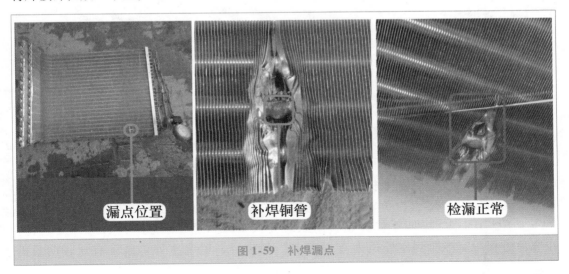

漏点位置　　补焊铜管　　检漏正常

图 1-59　补焊漏点

➡ **维修措施：** 补焊冷凝器翅片内铜管，检漏后正常安装冷凝器至室外机，并恢复室外机管道，再用管道连接室内机和室外机，使用真空泵抽真空，并定量加注 R410A，将空调器安装至用户家后制冷正常，长时间使用不再报修，说明空调器恢复正常。

## 五、 铜管管壁磨破

➡ **故障说明：** 海尔 KFR-23GW/Z8 挂式空调器，用户反映接通电源后无反应，使用遥控器不能开机。

**1. 查看熔丝管**

上门检查，首先将风门叶片（导风板）扳到中间位置，再将电源插头插入插座，室内机没有任何反映，通电后蜂鸣器不响，导风板不能自动关闭。使用万用表电阻档测量插头 L-N 阻值，正常约 500Ω，实测阻值为无穷大，说明室内机存在故障。

取下室内机外壳，抽出室内机主板，见图 1-60，查看熔丝管（俗称保险管），发现熔丝已爆裂开路，说明负载有严重短路故障，使用万用表电阻档测量室内风机线圈、压缩机公共端与 N 阻值、室外风机线圈公共端与 N 阻值、四通阀线圈与 N 阻值均正常，初步排除短路故障，更换相同型号 3.15A 熔丝管后将空调器接通电源，蜂鸣器响一声后导风板自动关闭，说明室内机主板只是熔丝管损坏。

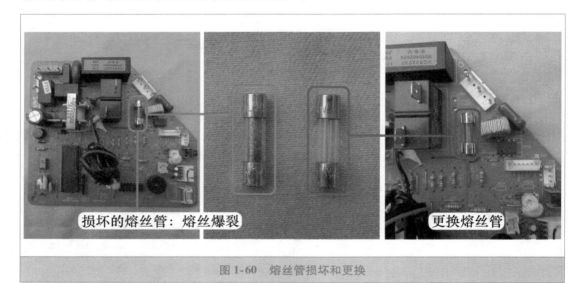

损坏的熔丝管：熔丝爆裂　　更换熔丝管

图 1-60　熔丝管损坏和更换

**2. 查看铜管管壁磨破**

使用遥控器开机，室内风机和室外机均开始运行，但空调器不制冷，在室内机出风口感觉为自然风，到室外机检查，手摸二通阀和三通阀均为常温，在三通阀检修口接上压力表测量压力为负压；使用遥控器关机，压缩机停止运行后，静态压力由负压上升至 0MPa，说明系统无氟，向系统充入 R22 至静态压力 0.7MPa 用于检漏，在充注过程中，能听到室外机内有"嗞嗞"的声音，说明室外机系统有比较明显的漏点。

取下室外机顶盖和前盖，见图 1-61，发现声音由四通阀上连接三通阀的管道发出，查看铜管上面有 1 个凹下去的圆洞，查看相邻的压缩机引线套管表面也有摩擦的痕迹，说明此机压缩机引线套管和铜管由于距离过近，在运行中相互摩擦，导致压缩机引线绝缘层破裂，与铜管相碰相当于交流 220V 对地短路，导致室内机主板熔丝管熔丝爆裂；而铜管由于摩擦导致管壁变薄有裂纹，出现漏点引起漏氟故障。

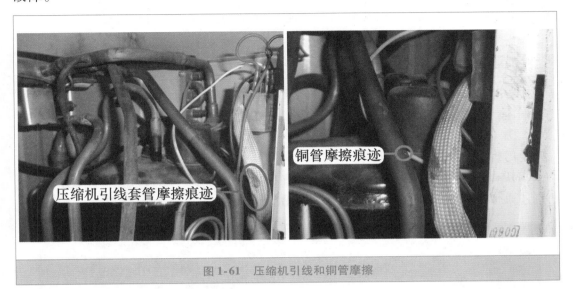

图 1-61　压缩机引线和铜管摩擦

**3. 补焊铜管和处理压缩机连接线**

断开空调器电源，并取下二通阀上细管螺母，使刚充入的 R22 完全放空，见图 1-62，使用焊枪对铜管圆洞进行补焊，使用胶布包扎压缩机连接线中破损的部位后，将引线顺在压缩机电容处，使引线远离铜管，以防止类似故障再次发生。

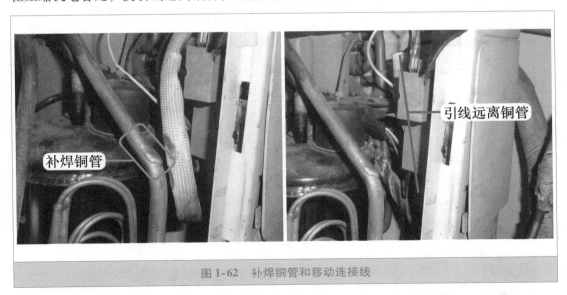

图 1-62　补焊铜管和移动连接线

➡️　维修措施：补焊铜管。补焊后使用 R22 对系统排除空气，并拧紧二通阀处细管螺母，充入制冷剂使静态压力达到 0.8MPa 时对焊接部位进行检漏，检查正常后安装室外机前盖和顶盖并加氟，待运行压力在 0.45MPa 时制冷恢复正常。

## 第四节　四通阀和压缩机窜气故障

**一、** 四通阀卡死

➡ 故障说明：海尔 KFR-33GW/02-S2 挂式空调器，用户反映前两天制冷正常，现忽然不再制冷，开机后室内机吹热风。

**1. 测量系统压力**

上门检查，首先到室外机三通阀检修口接上压力表，见图1-63，查看系统静态压力约0.9MPa，使用遥控器以制冷模式开机，室内风机运行后室外风机和压缩机运行，并未听到四通阀线圈通电的声音，但系统压力逐渐上升，说明系统处于制热模式。

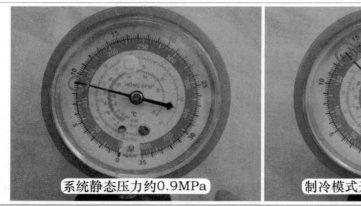
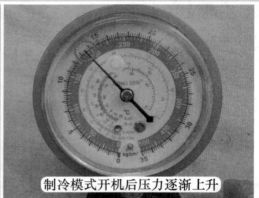

系统静态压力约0.9MPa　　　制冷模式开机后压力逐渐上升

图1-63　制冷开机系统压力上升

**2. 手摸二三通阀温度和断开四通阀线圈引线**

见图1-64左图，用手摸室外机二通阀和三通阀温度，感觉三通阀温度较高，也说明

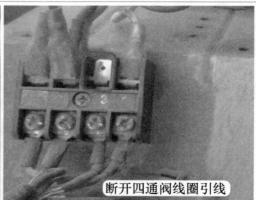

手摸三通阀和二通阀均较热　　　断开四通阀线圈引线

图1-64　手摸二三通阀温度和断开四通阀线圈引线

系统工作在制热模式。

由于夏天系统工作在制热模式时压力较高，容易崩开加氟管，因此停机并断开空调器电源，待约1min系统压力平衡后取下连接三通阀检修口的加氟管，见图1-64右图，并取下室外机3号接线端子上方的四通阀线圈引线，强制断开四通阀线圈供电，再次通电开机，系统仍工作在制热模式，说明制冷和制热模式转换的四通阀内部阀块卡在制热位置。

**3. 连续为四通阀线圈供电和断电**

室外机4号接线端子为室外风机供电，制冷模式开机时一直供电，见图1-65，用手拿住取下的四通阀线圈引线，并在4号端子约5s，再取下5s，再并在4号端子5s，即连续多次为四通阀线圈供电和断电，看是否能将卡住的阀块在压力的转换下移动，即转回制冷模式位置，实际检修时只能听到电磁换向阀移动的"嗒嗒"声，听不到阀块在制冷和制热模式转换的气流声，说明阀块卡住的情况比较严重。如果阀块轻微卡住，在四通阀线圈连续供电和断电后即可转换至正常的状态。

➡ 说明：在操作时一定要注意安全，必须将线圈引线的塑料护套罩住端子，以防触电。

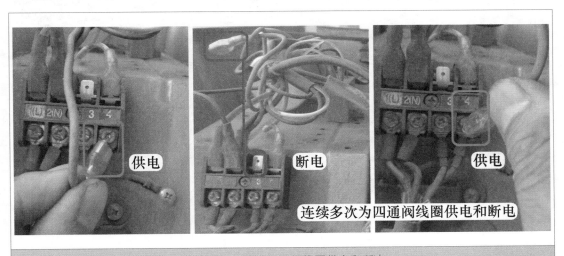

图1-65　连续为四通阀线圈供电和断电

**4. 使用开水加热四通阀阀体**

见图1-66，先使用毛巾包裹四通阀阀体，再使用水壶烧开一瓶开水，并将开水浇在毛巾上面，强制加热四通阀阀体，使内部活塞和阀块轻微变形，再将空调器通电开机，并连续为四通阀线圈供电和断电，阀块仍旧卡在原位置不能移动。

取下毛巾，使用大扳手敲击四通阀阀体，并同时连续为四通阀线圈供电和断电，也不能使内部阀块移动，系统仍工作在制热模式，说明本机四通阀内部阀块已卡死。

➡ 维修措施：见图1-67，本机四通阀内部阀块卡死，经尝试后不能移动至正常位置，说明损坏只能更换，本例室外机安装在窗户的侧面墙壁，不容易更换，取下室外机至平台位置后更换新四通阀，再重新安装后排空、加氟制冷恢复正常。

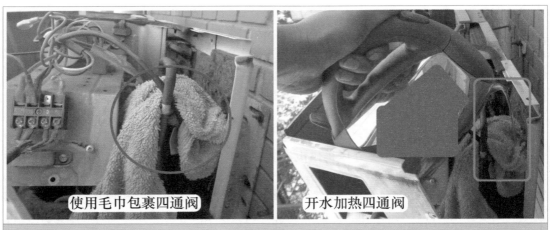

使用毛巾包裹四通阀 | 开水加热四通阀

图1-66 使用开水加热四通阀阀体

损坏的四通阀

新更换的四通阀

四通阀阀块卡死损坏

图1-67 更换四通阀

---

**总 结：**

　　因四通阀更换难度比较大且有再次焊坏的风险，因此遇到内部阀块卡死故障时，应尝试维修将其复位至正常模式。

　　1）阀块轻微卡死故障：经连续为四通阀线圈供电和断电均能恢复至正常位置。

　　2）阀块中度卡死故障：使用热水加热阀体或使用大扳手敲击阀体，同时再为四通阀线圈供电和断电，通常可恢复至正常位置，如不能恢复，则只能更换四通阀。

---

## 二、 四通阀窜气

➡ 故障说明：三菱重工 SRC388HENF 挂式空调器，用户反映不制冷，室外机噪声大。

### 1. 测量系统压力

　　上门检查，用户已使用空调器一段时间，用手在室内机出风口感觉为自然风，无凉风吹出。使用遥控器关机，在室外机三通阀检修口接上压力表，见图1-68，测量系统静态压力约 1.1MPa，再次使用遥控器开机，室外风机和压缩机均开始运行，系统压力下降至约 0.9MPa 时不再下降，同时室外机噪声很大，细听为压缩机储液瓶发出的气流声。

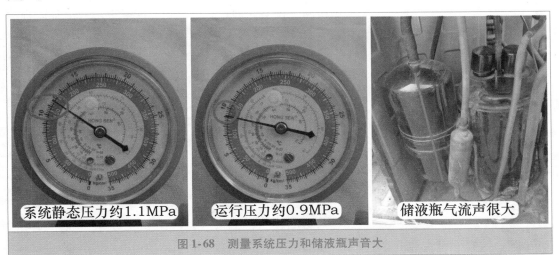

| 系统静态压力约1.1MPa | 运行压力约0.9MPa | 储液瓶气流声很大 |

图 1-68　测量系统压力和储液瓶声音大

### 2. 断开线圈引线和手摸四通阀管道

根据运行压力下降至 0.9MPa 和压缩机储液瓶气流声很大，初步判断为四通阀窜气或压缩机窜气，见图 1-69 左图和中图，在室外机接线端子处拔下四通阀线圈的 1 根引线，系统运行压力无任何变化，用手摸压缩机外壳烫手，说明压缩机正在做功，可初步排除压缩机窜气故障。

见图 1-69 右图，用手摸四通阀的 4 根铜管，结果为连接压缩机排气管的管道烫手，连接冷凝器的管道较热，连接压缩机吸气管和三通阀的管道温热，初步判断为四通阀窜气。

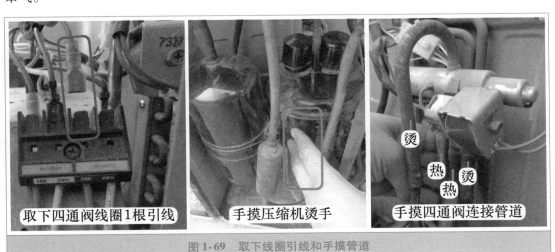

| 取下四通阀线圈1根引线 | 手摸压缩机烫手 | 手摸四通阀连接管道 |

图 1-69　取下线圈引线和手摸管道

### 3. 手摸四通阀中间管道和储液瓶温度

见图 1-70 左图和中图，再次用手单独摸四通阀连接压缩机吸气管的管道温度，依旧为温热；用手摸压缩机储液瓶上部和下部的温度，感觉上部温度高、下部温度低，说明温度从上方流入下方，也就是从四通阀流入压缩机，从而确定窜气部位在四通阀。

➡ 维修措施：更换四通阀。更换后检漏、排空、加氟试机，制冷恢复正常。正常运行的空调器制冷模式下，四通阀管道温度见图 1-70 右图。

手摸四通阀中间管道温热　　　　手摸储液瓶温度　　　　制冷四通阀管道温度正常

图 1-70　手摸储液瓶温度

総 结：

本例故障判断四通阀窜气而非压缩机窜气的故障原因如下：

1）压缩机运行后系统压力只是稍许下降，而压缩机窜气后通常保持静态压力不变。

2）压缩机储液瓶气流声较大，而压缩机窜气后储液瓶几乎无声音。

3）连接压缩机吸气管的四通阀中间管道温热，而压缩机窜气后由于不做功，四通阀的 4 根管道均接近于常温。

4）压缩机储液瓶上部温度高于下部温度，而压缩机窜气后储液瓶上部和下部温度均接近常温，如果压缩机已运行了很长时间，壳体温度上升，相应储液瓶下部温度也会升高，储液瓶将会出现下部温度高于上部温度。

### 三、　压缩机窜气

➡ 故障说明：格力 KFR-23GW 挂式空调器，用户反映开机后室外机运行，但不制冷。

**1. 测量系统压力**

上门检查，待机状态即室外机未运行时，在三通阀检修口接上压力表，见图 1-71 左图，查看系统静态压力约 1MPa，说明系统内有氟 R22 且比较充足。

遥控器开机，室外风机和压缩机开始运行，见图 1-71 右图，查看系统压力保持不变，仍约为 1MPa 并且无抖动迹象，此时使用活动扳手轻轻松开二通阀螺母，立即冒出大量的氟 R22，查看二通阀和三通阀阀芯均处于打开状态，说明制冷系统存在故障。

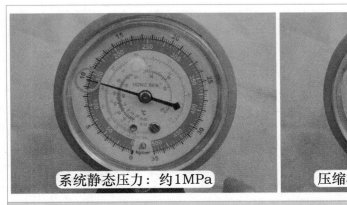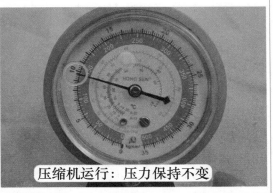

系统静态压力：约1MPa　　压缩机运行：压力保持不变

图1-71　测量系统压力

### 2. 测量压缩机电流

使用万用表交流电流档，见图1-72，钳头夹住室外机接线端子上2号压缩机黑线测量电流，实测电流约1.8A，低于额定值4.2A较多，可大致说明压缩机未做功。手摸压缩机在振动，但运行声音很小。

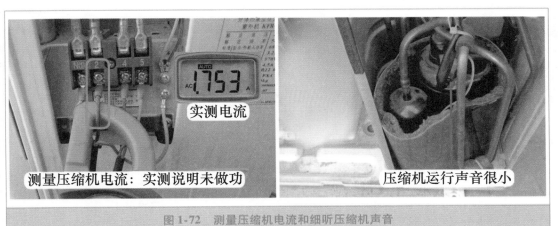

测量压缩机电流：实测说明未做功　　压缩机运行声音很小

图1-72　测量压缩机电流和细听压缩机声音

### 3. 手摸压缩机吸气管和排气管温度

见图1-73，用手摸压缩机吸气管感觉不凉，接近常温；手摸压缩机排气管不热，也接近常温。

### 4. 分析故障

综合检查内容：系统压力待机状态和开机状态相同，运行电流低于额定值较多，压缩机运行声音很小，手摸吸气管不凉且排气管不热，判断为压缩机窜气。

为确定故障，在二通阀和三通阀处放空制冷系统的氟R22，使用焊枪取下压缩机吸气管和排气管铜管，再次通电开机，压缩机运行，手摸排气管无压力即没有气体排出，吸气管无吸力即没有气体吸入，从而确定压缩机窜气损坏。

➡ **维修措施**：更换压缩机。

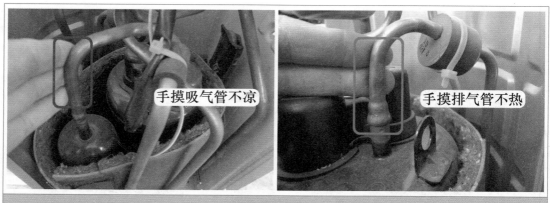

图1-73　手摸压缩机吸气管和排气管温度

# 第二章

## 空调器室内机故障

---

### 第一节　常见故障

#### 一、变压器一次绕组开路

➡ **故障说明:** 格力 KFR-23GW/（23570）Aa-3 挂式空调器，用户反映通电无反应。

**1. 扳动导风板至中间位置通电试机**

用手将风门叶片（导风板）扳到中间位置，见图 2-1，再将空调器接通电源，通电后导风板不能自动复位，判断空调器或电源插座有故障。

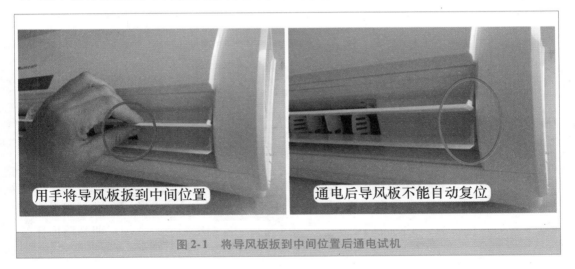

用手将导风板扳到中间位置　　　通电后导风板不能自动复位

图 2-1　将导风板扳到中间位置后通电试机

**2. 测量插座电压和电源插头阻值**

使用万用表交流电压档，见图 2-2 左图，测量电源插座电压为交流 220V，说明电源供电正常，故障在空调器。

使用万用表电阻档，见图 2-2 右图，测量电源插头 L- N 阻值，实测为无穷大，而正常值约 500Ω，确定故障在室内机。

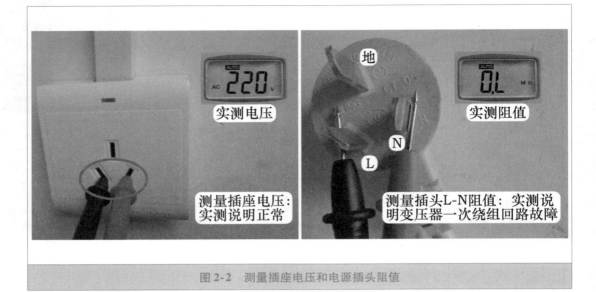

实测电压

实测阻值

测量插座电压：
实测说明正常

测量插头L-N阻值：实测说明变压器一次绕组回路故障

图2-2　测量插座电压和电源插头阻值

**3. 测量熔丝管和一次绕组阻值**

使用万用表电阻档，见图2-3，测量3.15A熔丝管（俗称保险管）FU101阻值为0Ω，说明熔丝管正常；测量变压器一次绕组阻值，实测为无穷大，说明变压器一次绕组开路损坏。

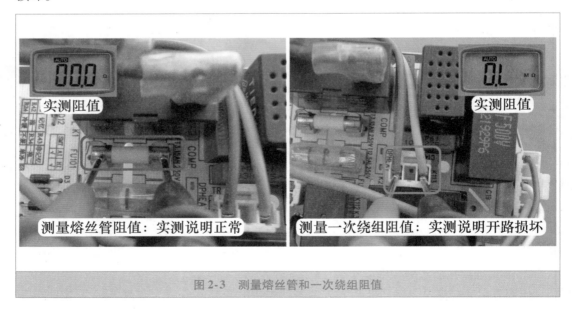

实测阻值

实测阻值

测量熔丝管阻值：实测说明正常

测量一次绕组阻值：实测说明开路损坏

图2-3　测量熔丝管和一次绕组阻值

➡ 维修措施：见图2-4，更换变压器。更换后通电试机，将电源插头插入电源插座，蜂鸣器响一声后导风板自动关闭，使用遥控器开机，空调器制冷恢复正常。

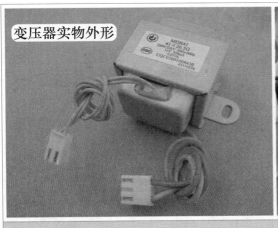
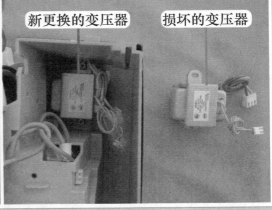

图 2-4　更换变压器

## 二、管温传感器阻值变小

➡ **故障说明：** 海信 KFR-25GW 挂式空调器，遥控器开机后室内风机运行，但压缩机和室外风机均不运行，显示板组件上的"运行"指示灯也不亮。在室内机接线端子上测量压缩机与室外风机电压为交流 0V，说明室内机主板未输出供电。根据开机后"运行"指示灯不亮，说明输入部分电路出现故障，CPU 检测后未向继电器电路输出控制电压，因此应首先检查传感器电路。

**1. 测量环温和管温传感器插座分压点电压**

使用万用表直流电压档，见图 2-5，将黑表笔接地（本例实接复位集成块 34064 地脚），红表笔接插座分压点，测量电压（此时房间温度约 25℃），实测环温分压点电压为 2.4V，管温分压点电压为 4.1V，正常时 2 个插座的电压值均应接近 2.5V，实测结果说明环温传感器电路正常，应重点检查管温传感器电路。

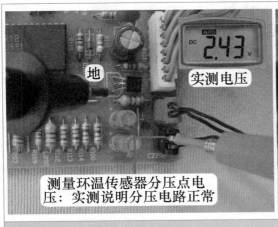
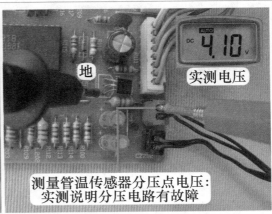

图 2-5　测量环温和管温传感器插座分压点电压

**2. 测量管温传感器阻值**

断电并将管温传感器从蒸发器检测孔抽出（防止蒸发器温度影响测量结果），等待一定的时间，见图2-6，使传感器表面温度接近房间温度，再使用万用表电阻档测量插头两端阻值约为1kΩ，而正常阻值应接近5kΩ，实测结果说明管温传感器阻值变小损坏。

➡ 说明：本例传感器使用型号为25℃/5kΩ。

图2-6 测量管温传感器阻值

➡ 维修措施：更换管温传感器，见图2-7，更换后通电测量管温传感器分压点电压为直流2.5V，和环温传感器相同，遥控器开机后，显示板组件上的"电源""运行"指示灯点亮，室外风机和压缩机运行，空调器制冷恢复正常。

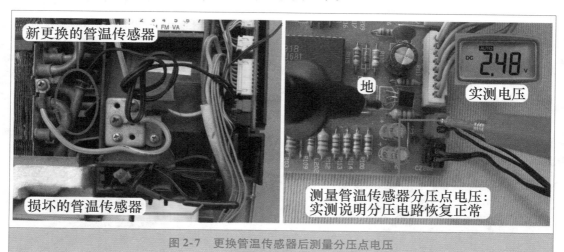

图2-7 更换管温传感器后测量分压点电压

➡ 应急措施：在夏季维修时，如果暂时没有配件更换，而用户又十分着急使用，见图2-8，可以将环温与管温传感器插头互换，并将环温传感器探头插在蒸发器内部，管温传感器探头放在检测温度的支架上。开机后空调器能应急制冷，但没有温度自动控制功能（即空调器不停机一直运行），应告知用户待房间温度下降到一定值后使用遥控器关机。

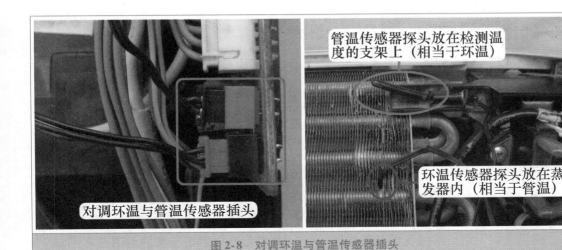

图 2-8　对调环温与管温传感器插头

## 三、　管温传感器开路

➡ **故障说明：** 美的 KFR-26GW/I1Y 挂式空调器，接通电源后"化霜"指示灯一直闪，按压遥控器开关键，主板蜂鸣器响一声，但室内风机和室外机均不运行。由于主板能接收遥控信号但整机不能工作，应测量输入部分电路的传感器分压点电压。

**1. 测量环温和管温传感器分压点电压**

使用万用表直流电压档，见图 2-9，黑表笔接地（实接 7805 铁壳），红表笔接环温（ROOM）和管温（PIPE）传感器插座的分压点，测量电压，结果均应接近 2.5V，实测环温传感器分压点电压为 2.2V，管温传感器分压点电压为 0V，说明管温传感器分压电路有故障，应重点检查管温传感器和分压电阻。

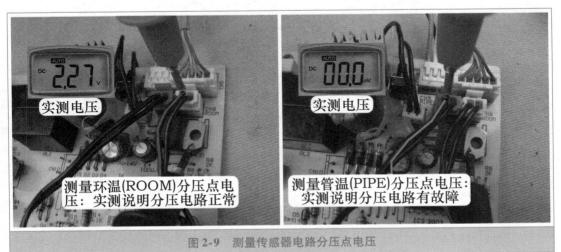

图 2-9　测量传感器电路分压点电压

**2. 测量环温和管温传感器阻值**

断开空调器电源，使用万用表电阻档，见图 2-10，测量 2 个传感器的阻值，在房间温度约 25℃ 时阻值均应接近 10kΩ，且 2 个传感器阻值应基本相同，实测环温传感器阻值

9.8kΩ 为正常，管温传感器阻值为无穷大，说明其开路损坏。

➡ 说明：本例传感器使用型号为 25℃/10kΩ。

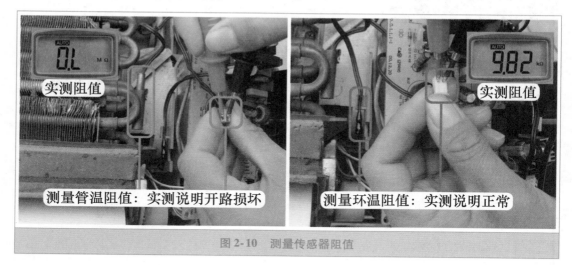

实测阻值

实测阻值

测量管温阻值：实测说明开路损坏

测量环温阻值：实测说明正常

图 2-10　测量传感器阻值

➡ 维修措施：更换管温传感器，见图 2-11，更换后测量管温传感器插座分压点电压为直流 2.1V，遥控器开机后空调器制冷恢复正常，故障排除。

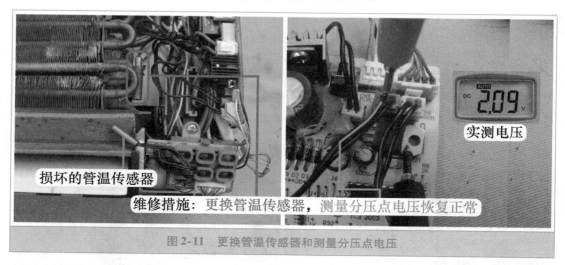

损坏的管温传感器

实测电压

维修措施：更换管温传感器，测量分压点电压恢复正常

图 2-11　更换管温传感器和测量分压点电压

➡ 应急措施：如果暂时没有相同型号（本例为 25℃/10kΩ）的传感器更换，而用户又着急使用空调器，可以使用以下 2 个方法。

（1）使用电阻

制冷模式下蒸发器的正常温度为 10℃左右，25℃/10kΩ 的传感器 10℃时对应阻值为 20kΩ，因此使用阻值为 20kΩ 的电阻，将引线直接焊在管温传感器插座的 2 个焊点上（需取下损坏的管温传感器），开机后空调器即能工作在制冷状态，待有相同型号的配件再更换。

➡ 说明：制热时蒸发器正常温度约为 60℃，使用温度对应阻值的电阻代换后空调器没有防冷风功能，制热开机后室内风机将直接运行。

（2）将 2 个 25℃/5kΩ 的传感器串联

如果有 2 个 25℃/5kΩ 的备用传感器，可以将 2 个传感器串联使用。见图 2-12，2 个传感器其中的 1 根引线连在一起，并用胶布包好防止漏电，另外 2 个引线连接插头插在主板管温传感器的插座上，将其中的 1 个探头插在蒸发器管温传感器的检测孔内，另外 1 个探头直接插在检测孔附近的蒸发器内，开机后空调器能正常工作在制冷或制热模式。

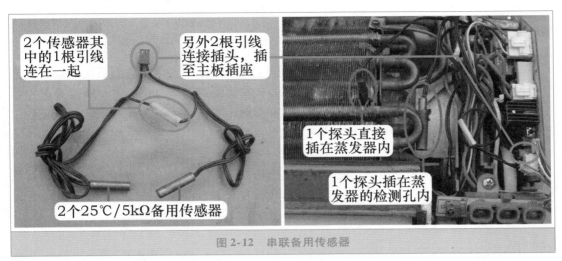

2 个传感器其中的 1 根引线连在一起

另外 2 根引线连接插头，插至主板插座

1 个探头直接插在蒸发器内

1 个探头插在蒸发器的检测孔内

2 个 25℃/5kΩ 备用传感器

图 2-12　串联备用传感器

> **总　结：**
>
> 　　通电后不开机时显示板组件即报故障代码，应重点检查环温和管温传感器。如果不清楚故障代码的含义，也应重点检查环温和管温传感器。

## 四、　接键开关漏电

➡ **故障说明：** 格力 KFR-50GW/K（50513）B-N4 挂式空调器，接通电源一段时间以后，见图 2-13，在不使用遥控器的情况下，蜂鸣器响一声，空调器自动起动，显示板组件上

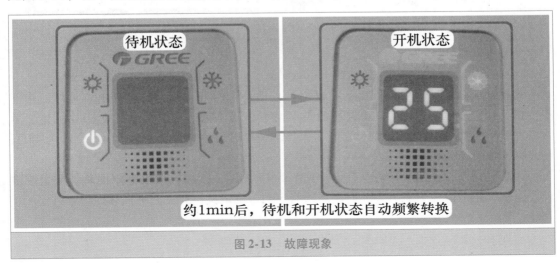

待机状态

开机状态

约 1min 后，待机和开机状态自动频繁转换

图 2-13　故障现象

显示设定温度为 25℃，室内风机运行；约 30s 后蜂鸣器响一声，显示板组件显示窗熄灭，空调器自动关机，但 20s 后，蜂鸣器再次响一声，显示窗显示为 25℃，空调器又处于开机状态。如果不拔下空调器的电源插头，将反复地进行开机和关机操作指令，同时空调器不制冷。有时候由于频繁地开机和关机，压缩机也频繁地起动，引起电流过大，自动开机后会显示"E5（低电压过电流故障）"的故障代码。

**1. 测量应急开关按键引线电压**

空调器开关机有 2 种控制程序，1 是使用遥控器控制，2 是主板应急开关电路。本例维修时取下遥控器的电池，遥控器不再发送信号，空调器仍然自动开关机，排除遥控器引起的故障，应检查应急开关电路。见图 2-14 左图，本机应急开关按键安装在显示板组件，通过引线（代号 key）连接至室内机主板。

使用万用表直流电压档，见图 2-14 右图，黑表笔接显示板组件 DISP1 插座上 GND（地）引针、红表笔接 DISP2 插座上 key（连接应急开关按键）引针，正常电压在未按压应急开关按键时应为稳定的直流 5V，而实测电压为 1.3 ～ 2.5V 跳动变化，说明应急开关电路有漏电故障。

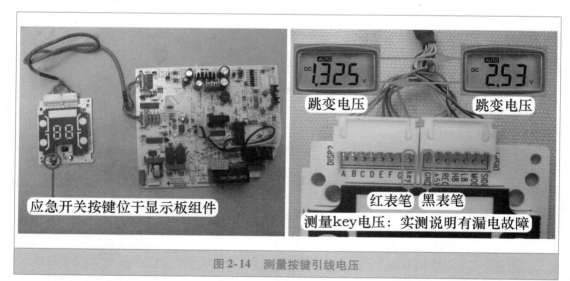

图 2-14　测量按键引线电压

**2. 测量应急开关按键引脚阻值**

为判断故障是显示板组件上的按键损坏，还是室内机主板上的瓷片电容损坏，拔下室内机主板和显示板组件的 2 束连接插头，见图 2-15 左图，使用万用表电阻档测量显示板组件 GND 与 key 引针的阻值，正常时未按下按键时阻值应为无穷大，而实测约为 4kΩ，初步判断应急开关按键损坏。

为准确判断，使用烙铁焊下按键，见图 2-15 右图，使用万用表电阻档单独测量按键开关引脚，正常值应为无穷大，而实测约为 5kΩ，确定按键开关漏电损坏。

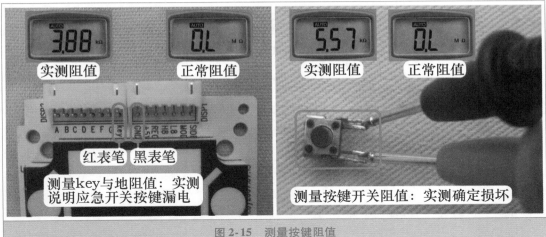

图 2-15　测量按键阻值

➡ **维修措施**：更换应急开关按键或更换显示板组件。

➡ **应急措施**：如果暂时没有应急开关按键更换，而用户又着急使用空调器，有 2 种方法。

1）见图 2-16 左图，取下应急开关按键不用安装，这样对空调器没有影响，只是少了应急开机和关机的功能，但使用遥控器可正常控制。

2）见图 2-16 右图，取下室内机主板与显示板组件连接线中的 key 引线，并使用胶布包扎做好绝缘，也相当于取下了应急开关按键。

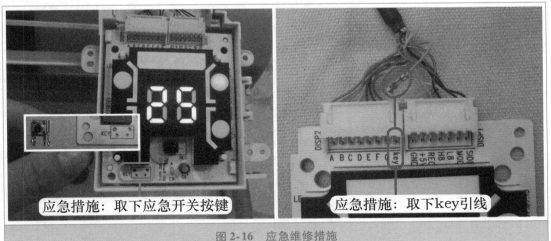

图 2-16　应急维修措施

**总结：**

应急开关按键漏电损坏，引起自动开关机故障，在维修中所占比例很大，此故障通常由应急开关按键漏电引起，维修时可直接更换试机。

### 五、 接收器损坏

➡ **故障说明：**格力 KFR-72LW/NhBa-3 柜式空调器，用户使用遥控器不能控制空调器，使用按键控制正常。

**1. 按压按键和检查遥控器**

上门检查，按压遥控器上的开关按键，室内机没有反应；见图 2-17 左图，按压前面板上的开关按键，室内机按自动模式开机运行，说明电路基本正常，故障在遥控器或接收器电路。

使用手机摄像头检查遥控器，见图 2-17 右图，方法是打开手机相机功能，将遥控器发射头对准手机摄像头，按压遥控器按键的同时观察手机屏幕，遥控器正常时在手机屏幕上能观察到发射头发出的白光，损坏时不会发出白光，本例检查能看到白光，说明遥控器正常，故障在接收器电路。

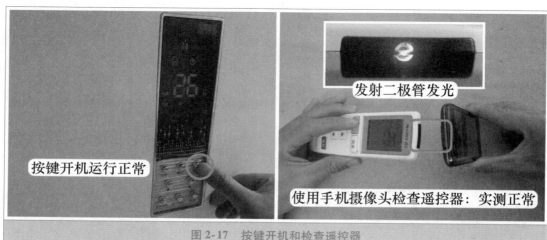

图 2-17　按键开机和检查遥控器

**2. 测量电源和信号电压**

本机接收器电路位于显示板，使用万用表直流电压档，见图 2-18 左图，黑表笔接接

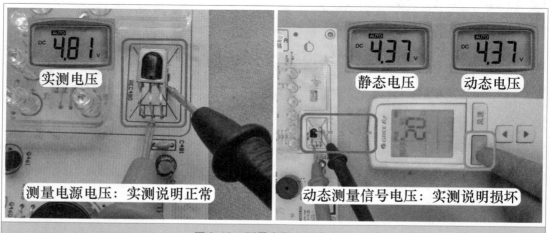

图 2-18　测量电源和信号电压

收器外壳铁壳地,红表笔接②脚电源引脚测量电压,实测电压约4.8V,说明电源供电正常。

见图2-18右图,黑表笔不动依旧接地,红表笔改接①脚信号引脚,测量电压,在静态即不接收遥控信号时实测约4.4V;按压开关按键,遥控器发射信号,同时测量接收器信号引脚即动态测量电压,实测仍约为4.4V,未有电压下降过程,说明接收器损坏。

### 3. 代换接收器

本机接收器型号为19GP,暂时没有相同型号接收器,使用常见的0038接收器代换,见图2-19,方法是取下19GP接收器,查看焊孔功能:①脚为信号,②脚为电源,③脚为地,而0038接收器引脚功能:①脚为地,②脚为电源,③脚为信号,由此可见①脚和③脚功能相反,代换时应将引脚掰弯,按功能插入显示板焊孔,使之与焊孔功能相对应,安装后应注意引脚之间不要短路。

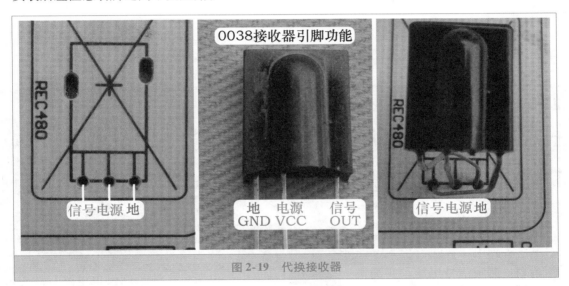

图2-19　代换接收器

➡ 维修措施:使用0038接收器代换19GP接收器。代换后使用万用表直流电压档,见图2-20,测量0038接收器电源引脚电压为4.8V,信号引脚静态电压为4.9V,按压按键

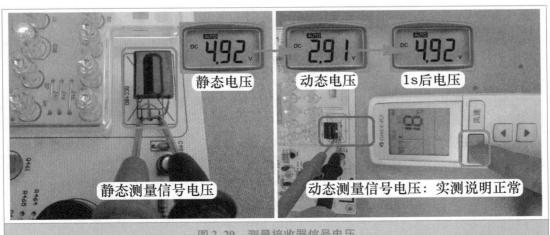

图2-20　测量接收器信号电压

遥控器发射信号，接收器接收信号即动态时信号引脚电压下降至约 3V（约 1s），然后再上升至 4.9V，同时蜂鸣器响一声，空调器开始运行，故障排除。

## 六、 接收器受潮

➡ 故障说明：格力某型号挂式空调器，遥控器不起作用，使用手机摄像功能检查遥控器正常，按压应急开关按键，按"自动模式"运行，说明室内机主板电路基本工作正常，判断故障在接收器电路。

**1. 测量接收器信号和电源引脚电压**

使用万用表直流电压档，见图 2-21 左图，黑表笔接接收器地引脚（或表面铁壳），红表笔接信号引脚，测量电压，实测电压约 3.5V，而正常电压约 5V，确定接收器电路有故障。

红表笔接电源引脚测量电压，见图 2-21 右图，实测电压约 3.5V，和信号引脚电压基本相等，常见原因有 2 个，1 是 5V 供电电路有故障，2 是接收器漏电。

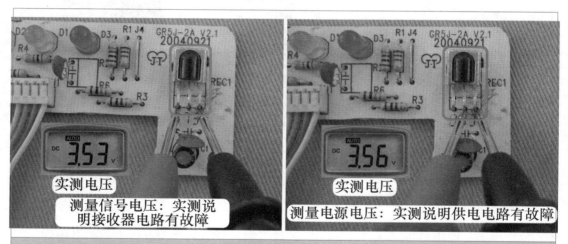

实测电压

测量信号电压：实测说明接收器电路有故障

实测电压

测量电源电压：实测说明供电电路有故障

图 2-21 测量接收器信号和电源引脚电压

**2. 测量 5V 供电电路**

接收器电源引脚通过限流电阻 R3 接直流 5V，见图 2-22 左图，黑表笔接地（接收器铁壳），红表笔接电阻 R3 上端，实测电压为直流 5V，说明 5V 电压正常。

断开空调器电源，见图 2-22 右图，使用万用表电阻档测量 R3 阻值，实测为 100Ω，和标注阻值相同，说明电阻 R3 阻值正常，为接收器受潮漏电故障。

**3. 加热接收器**

使用电吹风热风档，风口直吹接收器约 1min，见图 2-23，当手摸接收器表面烫手时不再加热，待约 2min 后接收器表面温度下降，再将空调器接通电源，使用万用表直流电压档，再次测量电源引脚电压为 4.8V，信号引脚电压为 5V，说明接收器恢复正常，按压遥控器开关按键，蜂鸣器响一声后，空调器按遥控器命令开始工作，不接收遥控信号故障排除。

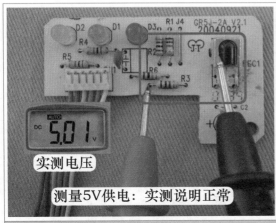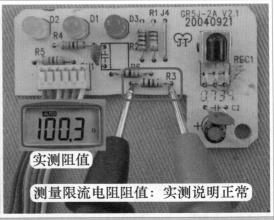

图 2-22　测量 5V 电压和限流电阻阻值

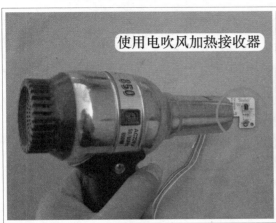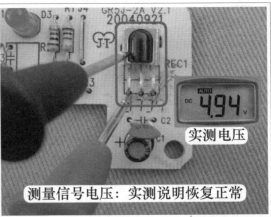

图 2-23　加热接收器和测量信号电压

➡ **维修措施：**使用电吹风加热接收器。如果加热后依旧不能接收遥控器信号，需更换接收器或显示板组件。更换接收器后最好使用绝缘胶涂抹引脚，使之与空气绝缘，可降低此类故障的比例。

## 第二节　步进电机和室内风机故障

### 一、步进电机线圈开路

➡ **故障说明：**海尔 KFR-35GW/05GCC23 挂式变频空调器，用户反映制冷正常，但导风板（风门叶片）不能移动。

**1. 扳动导风板至中间位置**

上门检查，用户正在使用空调器，将手放在室内机出风口感觉较凉，说明制冷正常。使用遥控器调节温度键，室内机均能接收并处理，但连续按压"风向"按键时，导风板不能移动，只能处于某一位置。

断开空调器电源，见图2-24，用手扳动导风板至中间位置，待1min后再次通电，室内机CPU复位控制导风板自动关闭时，发现导风板不能移动，只是在某一位置抖动，始终处于原始位置。

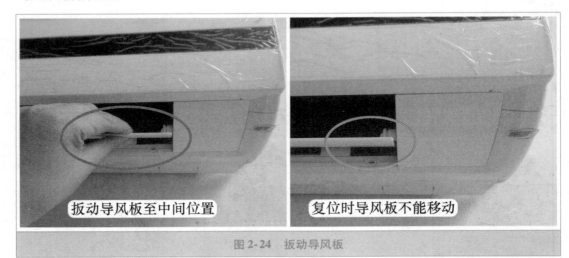

图2-24 扳动导风板

**2. 重新安装插头和测量引线阻值**

由于步进电机插头接触不良也会引起此类故障，见图2-25左图，拔下插头后并再次安装，通电试机，故障依旧，排除插头接触不良故障。

断开空调器电源，使用万用表电阻档，见图2-25右图，测量步进电机线圈阻值，红表笔接公共端红线，黑表笔接4根驱动引线，实测红线-橙线阻值为247Ω，为正常，测量红线-黄线阻值为无穷大，说明开路损坏。

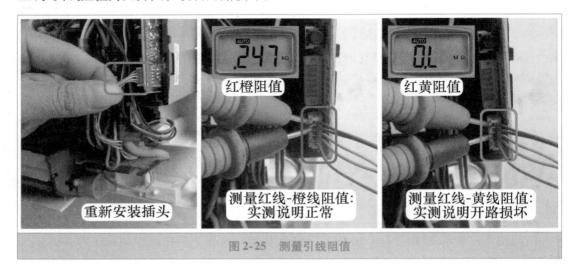

图2-25 测量引线阻值

**3. 测量引线阻值**

使用万用表电阻档继续测量阻值，见图2-26左图和中图，测量红线-粉线阻值247Ω为正常，测量红线-蓝线阻值247Ω为正常。

再次测量 4 根驱动引线之间的阻值，见图 2-26 右图，实测橙线-粉线、橙线-蓝线、粉线-蓝线阻值均为 487Ω 说明正常，但黄线-橙线、黄线-粉线、黄线-蓝线阻值均为无穷大，综合测量结果说明驱动引线中黄线开路损坏。

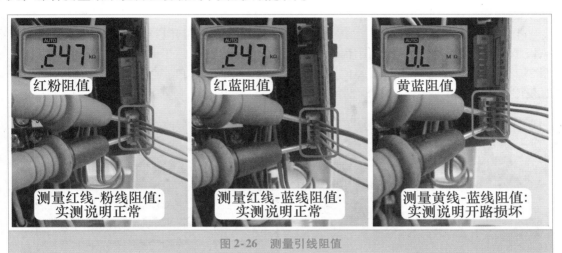

图 2-26　测量引线阻值

### 4. 开路测量线圈引线阻值

拔下步进电机插头，再次测量线圈引线阻值时，见图 2-27 左图，实测红线-橙线、红线-粉线、红线-蓝线阻值 247Ω 为正常，但红线-黄线阻值依旧为无穷大，确定步进电机线圈开路损坏。

➡ **维修措施**：见图 2-27 右图，更换同型号步进电机，更换后通电试机，导风板自动关闭，遥控器开机后导风板自动打开，且随遥控器"风向"按键的控制上下摆动。

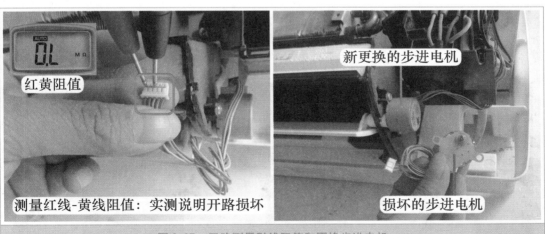

图 2-27　开路测量引线阻值和更换步进电机

**总　结：**

步进电机共有 4 根驱动引线，CPU 控制时依次控制 4 根驱动引线才能完成 1 个回路，步进电机转子开始旋转，从而带动导风板转动，当其中某 1 路驱动引线开路时，CPU 控制线圈不能构成回路，因此步进电机转子不能转动，导风板处于抖动状态。

### 二、 步进电机齿轮打滑

➡ 故障说明：海尔 KFR-23GW/03GFC12 挂式空调器，用户反映导风板关不严。

**1. 扳动导风板至中间位置试机**

上门检查，使用遥控器开机，导风板慢慢打开，但不能开启到正常位置，为判断导风板是否因以前运行过程中用手扳动过而处于错误位置，于是断开空调器电源，见图 2-28，用手扳动导风板至中间位置，再次通电，室内机 CPU 复位控制导风板自动关闭时仍旧关不严，说明步进电机驱动系统存在故障。

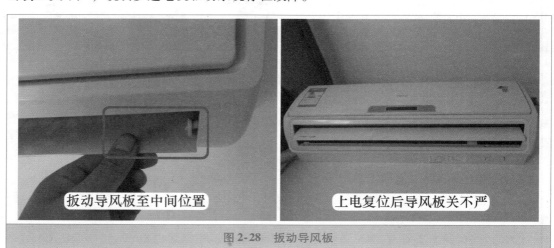

图 2-28 扳动导风板

**2. 用手转动步进电机轴头**

在用手扳动导风板过程中，感觉很轻松，初步判断其内部齿轮驱动部分损坏，取下室内机外壳和导风板后，见图 2-29，用手转动步进电机轴头时能转动，确定其内部齿轮损坏，正常的步进电机直接转动轴头时根本转不动。

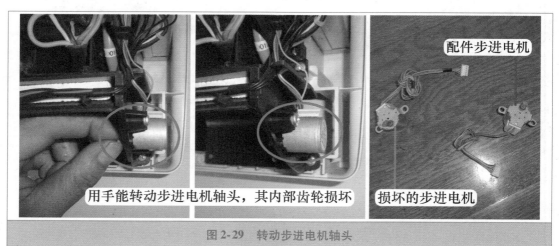

图 2-29 转动步进电机轴头

➡ 维修措施：见图 2-30，更换步进电机，更换后通电试机，室内机 CPU 复位控制导风板时能完全自动关闭，遥控器开机后能自动打开，故障排除。

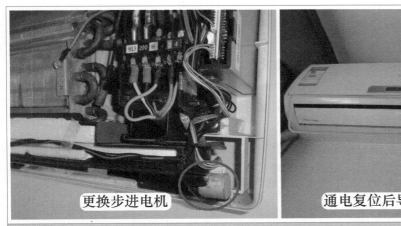

更换步进电机　　　通电复位后导风板完全关闭

图2-30　更换步进电机

**总　结：**

　　空调器在开机、关机和运行时，步进电机均驱动导风板旋转，由于其内部齿轮驱动机构为塑料组成，见图2-31，时间长以后容易出现裂纹、破碎，引起空调器出现导风板关不严、不能转动，导风板运行时噪声大等故障。

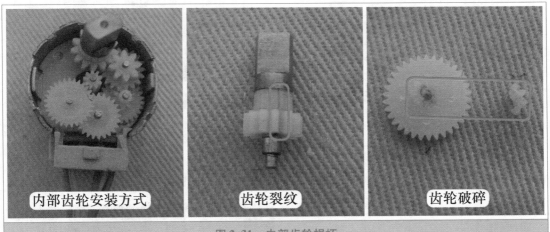

内部齿轮安装方式　　　齿轮裂纹　　　齿轮破碎

图2-31　内部齿轮损坏

## 三、室内风机内部霍尔损坏

➡ **故障说明：** 海信 KFR-26GW/11BP 挂式交流变频空调器，遥控器开机后室外机运行一下就停机，室内风机一直高风运行。

**1. 查看故障代码**

　　将空调器接通电源，遥控器开机后室内风机开始运行，主控继电器触点闭合向室外机输出交流 220V，约 4s 后压缩机运行，7s 后室外风机运行，12s 后室内机主板主控继电器触点断开停止向室外机供电，压缩机和室外风机停止运行，约 3min 后室内机主板主控继电器触点闭合后马上就断开。

查看室内风机一直为超高风运行，测量线圈供电插座电压为交流220V，和供电电压相同，按压遥控器风速按键调至"低风"，室内风机仍然以超高风运行。

按压遥控器传感器切换键2次，调出故障代码，室内机显示板组件"定时"灯点亮，查看代码含义为"室内风机"故障，说明室内机CPU检测不到室内风机输出的霍尔反馈信号，由于室内风机可以运行，因此应检查霍尔反馈插座电压。

**2. 测量霍尔反馈插座电压**

在室内风机运行时，使用万用表直流电压档，见图2-32左图，将黑表笔接霍尔反馈插座中黄线即直流地，红表笔接棕线即测量霍尔供电电压，正常为直流5V，实测说明供电电压正常。

见图2-32右图，黑表笔不动接直流地，红表笔接黑线，测量霍尔反馈信号电压，正常为供电电压的一半即直流2.5V左右，实测为直流1.5V，与正常值相差较多，判断霍尔反馈电路出现故障。

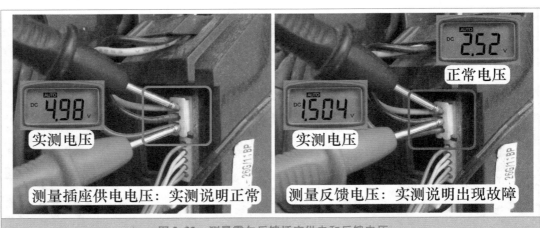

图2-32 测量霍尔反馈插座供电和反馈电压

**3. 拨动贯流风扇测量霍尔反馈电压**

按压遥控器"开关"按键关闭空调器，但不拔下电源插头即处于待机状态下，见图2-33，

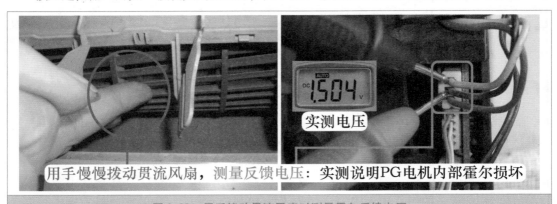

图2-33 用手拨动贯流风扇时测量霍尔反馈电压

手从出风框处伸入慢慢拨动贯流风扇，室内风机（PG电机）中转子也慢慢转动，同时使用万用表直流电压档，测量霍尔反馈电压，正常应为跳动电压，即0V～5V～0V～5V变化，而实测电压为稳压不变的直流1.5V，判断PG电机内部霍尔损坏。

4. 霍尔

拨下空调器电源插头，取下电控盒和蒸发器，在取下PG电机盖板后，松开PG电机轴与贯流风扇的固定螺钉，即可抽出PG电机，观察霍尔反馈引线由下盖处引出，说明霍尔电路板位于电机的下部，使用平口螺钉旋具轻轻撬开下盖，见图2-34，即可看见电路板，霍尔与转子上磁环相对应，取下电路板后，可见电路板组成也很简单，由霍尔、3个电阻和1个电容组成，电路原理图见图2-35。

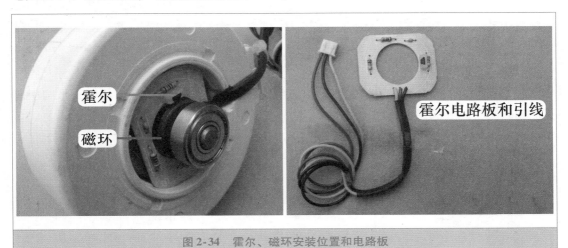

图2-34　霍尔、磁环安装位置和电路板

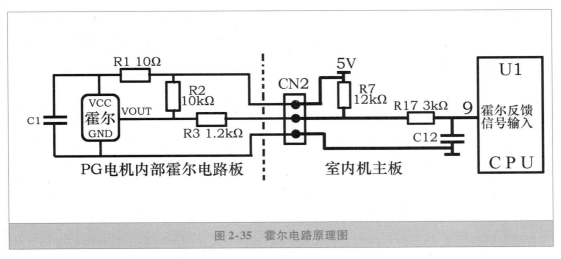

图2-35　霍尔电路原理图

电路板上为防止霍尔移动，见图2-36，使用一个塑料框用于固定，使用烙铁焊下霍尔，型号为40AF，外观和晶体管类似。共有3个引脚，①脚为VCC供电接直流5V，②脚为GND接直流电源地，③脚为输出OUT。

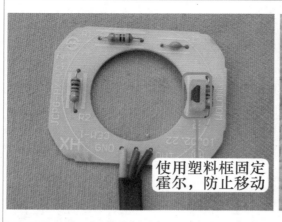

使用塑料框固定
霍尔，防止移动

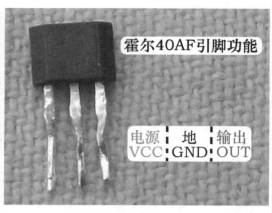

霍尔40AF引脚功能

| 电源 | 地 | 输出 |
|------|------|------|
| VCC | GND | OUT |

图 2-36　霍尔在电路板的安装位置和 40AF 实物外形

➡ 维修措施：见图 2-37，更换霍尔。由于没有相同型号的霍尔更换，使用外形与引脚功能均相同的 44E 代换。

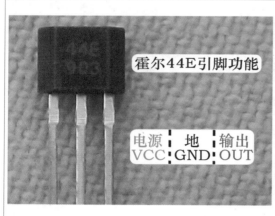

霍尔44E引脚功能

| 电源 | 地 | 输出 |
|------|------|------|
| VCC | GND | OUT |

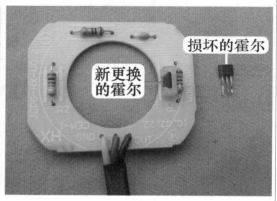

损坏的霍尔

新更换
的霍尔

图 2-37　更换霍尔 44E

　　剪去霍尔 44E 多余长度的引脚后安装霍尔电路板，组装好拆下的 PG 电机，并将 PG 电机安装在室内机底座上面，安装 PG 电机盖板、蒸发器和电控盒，恢复连接引线后将空调器接通电源但不开机，即处于待机状态下，见图 2-38，手从出风框处伸入慢慢拨动贯流风扇，同时使用万用表直流电压档测量霍尔反馈插座中输出引线（黑线）和地电压，实测为 0.3V～5V～0.3V～5V 跳动变化，遥控器开机，室内风机运行，测量霍尔反馈电压为稳定的直流 2.7V，且室内风机转速随遥控器上的风速控制变换，低风时线圈电压约为交流 120V。室内机主板向室外机供电后，压缩机和室外风机一直运行不再停机，制冷恢复正常，故障排除。

待机状态拨动贯流风扇时测量反馈电压

室内风机运行时测量反馈电压

图2-38　测量霍尔反馈插座反馈电压

**总 结：**

　　霍尔是一种基于霍尔效应的磁传感器，用它们可以检测磁场及其变化，可在各种与磁场有关的场合中使用。应用在 PG 电机中时，霍尔安装在电路板上，电机的转子上面安装有磁环，在空间位置上霍尔与磁环相对应，转子旋转时带动磁环转动，霍尔将磁感应信号转化为高电平或低电平的脉冲电压由输出脚输出，至主板 CPU，CPU 根据脉冲电压计算出电机的实际转速，与目标转速相比较，如有误差则改变光耦晶闸管的导通角，从而改变 PG 电机的转速，使之与目标转速相对应。

## 四、 室内风机电容引脚虚焊

➡ **故障说明：** 格力 KFR-50GW/K（50556）B1-N1 挂式空调器，用户反映新装机，试机时室内风机不运行，显示 H6 代码，查看代码含义为无室内机电机反馈。

### 1. 拨动贯流风扇

　　上门检查，重新通电，使用遥控器开机，导风板打开，室外风机和压缩机均开始运行，但室内风机不运行，见图2-39左图，将手从出风口伸入，手摸贯流风扇有轻微的振动感，说明 CPU 已输出供电驱动光耦晶闸管，其次级已导通，且交流电源已送至室内风机线圈供电插座，但由于某种原因室内风机起动不起来，约1min后室外风机和压缩机停止运行，显示 H6 代码。

　　断开空调器电源，用手拨动贯流风扇，感觉无阻力，排除贯流风扇卡死故障；再次通电开机，待室外机运行之后，见图2-39右图，手摸贯流风扇有振动感时并轻轻拨动，增加起动力矩，室内风机起动运行，但转速很慢，就像设定风速的低风（遥控器设定为高风）。此时室内风机可一直低风运行，但不再显示 H6 代码，判断故障为室内风机起动绕组开路或电容有故障。

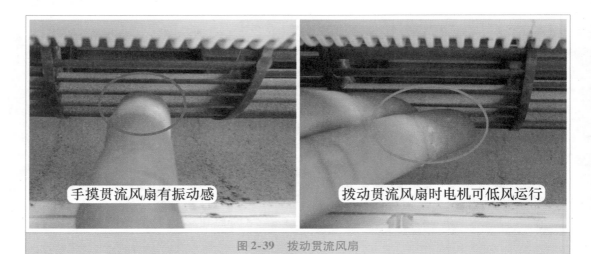

图2-39　拨动贯流风扇

### 2. 检查室内风机电容虚焊

使用万用表交流电压档，测量室内风机线圈供电插座电压约交流220V，已为供电电压的最大值。使用万用表的交流电流档，测量室内风机公共端白线电流，实测为0.37A，实测电压和电流均说明室内机主板已输出供电且室内风机线路没有短路故障。

断开空调器电源，抽出室内机主板，准备测量室内风机线圈阻值时，观察到风机电容未紧贴主板，用手晃动发现引脚已虚焊，见图2-40左图。

再次通电开机，用手拨动贯流风扇使室内风机运行，见图2-40右图，此时再用手按压电容使引脚接触焊点，室内风机立即由低风变为高风运行，且线圈供电电压由交流220V下降至约交流150V，但运行电流未变，恒定为0.37A。

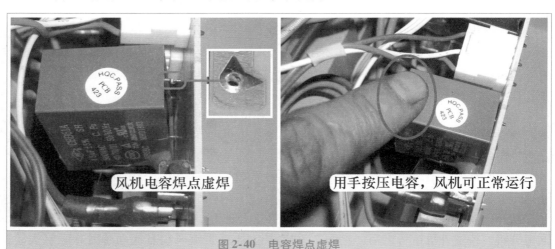

图2-40　电容焊点虚焊

➡ 维修措施：见图2-41，将风机电容安装到位，使用烙铁补焊2个焊点。再次通电开机，导风板打开后，室内风机立即高风运行，室外机运行后制冷恢复正常，同时不再显示H6代码，故障排除。

补焊风机电容焊点

图2-41　补焊电容焊点

---

总　结：

1）本例室内风机电容由于体积较大，涂在电容表面的固定胶较少，加之焊点镀锡较少，经长途运输，电容引脚焊点虚焊，室内风机起动不起来，室内机主板CPU因检测不到反馈的霍尔信号，约1min后停止室内机和室外机供电，显示H6代码。

2）如空调器使用一段时间（6年以后），室内风机电容容量变小或无容量，室内风机起动不起来，表现的现象和本例相同。

3）如果贯流风扇由于某种原因卡死或室内风机轴承卡死，表现现象也和本例相同。

## 五、　室内风机线圈开路

➡ 故障说明：科龙KFR-26GW/N2F挂式空调器，用户反映室内风机不运行。

### 1. 室内风机不运行

见图2-42，用手拨动贯流风扇感觉顺畅无阻力，使用万用表交流电压档测量室内风

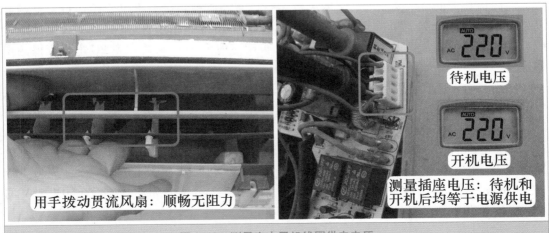

待机电压

开机电压

用手拨动贯流风扇：顺畅无阻力

测量插座电压：待机和开机后均等于电源供电

图2-42　测量室内风机线圈供电电压

机线圈供电插座电压,通电后但不开机时测量为交流220V(为电源供电电压),正常电压应接近0V;遥控器开机后测量电压仍为交流220V。

待机电压等于电源电压交流220V时应当测量室内风机线圈阻值。

**2. 测量室内风机线圈阻值**

使用万用表电阻档,见图2-43,测量室内风机线圈供电插头3根引线之间的阻值,实测结果为运行绕组蓝线(R)与起动绕组黑线(S)之间阻值正常,而公共端红线(C)与运行绕组、公共端与起动绕组的阻值均为无穷大,说明室内风机线圈开路损坏。

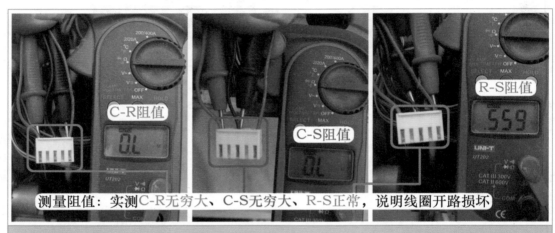

图2-43　测量线圈阻值

➡ **维修措施:** 更换室内风机。

**六、　霍尔反馈电路瓷片电容漏电**

➡ **故障说明:** 格力KFR-23GW/K(23556)D2-N5挂式空调器,用户反映自动关机。

**1. 测量霍尔反馈电压**

上门检查,重新通电开机,室内风机运行,室外风机和压缩机也开始运行,空调器开始制冷,但约1min后,空调器自动关机,同时"运行"指示灯以闪烁11次报故障代码,查看代码含义为"无室内机电机反馈",说明室内机CPU未接收到PG电机反馈的霍尔信号。

使用万用表直流电压档,见图2-44,黑表笔接霍尔反馈插座PGF地引针,红表笔接反馈引针,测量电压,在室内风机未运行时,用手拨动贯流风扇,反馈端电压为0V~0.34V~0V~0.34V跳动变化,而此时霍尔反馈的5V供电电压正常。

拔下电源插头待约30s后再次通电开机,室内风机开始运行,测量室内风机线圈供电插座电压约交流220V,测量霍尔反馈插座PGF中反馈引针电压约为直流0.17V(173mV),由于霍尔反馈供电电压5V正常,而反馈电压不是正常的0V~5V~0V~5V的跳变电压,判断PG电机内部霍尔电路板损坏。

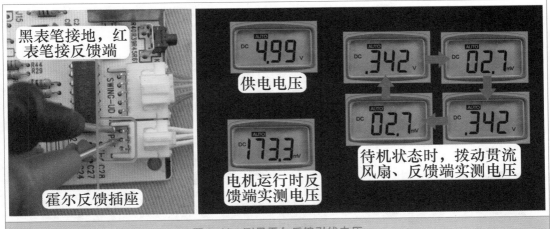

黑表笔接地，红表笔接反馈端

供电电压

待机状态时，拨动贯流风扇、反馈端实测电压

电机运行时反馈端实测电压

霍尔反馈插座

图2-44　测量霍尔反馈引线电压

2. 更换 PG 电机故障依旧

本机室内风机（PG 电机）型号为 FN10A-PG，见图 2-45 左图，用同型号电机更换后通电试机，故障依旧，运行约 1min 后自动关机，仍报"无室内机电机反馈"的故障代码，使用万用表直流电压档，拨动贯流风扇时，测量霍尔反馈电压仍为 0V ~ 0.34V ~ 0V ~ 0.34V 跳动变化，室内风机运行时反馈端电压约直流 0.17V。

见图 2-45 右图，为确定新更换的室内风机是否损坏，使用万用表表笔尖，取出霍尔反馈插头中的反馈引线。

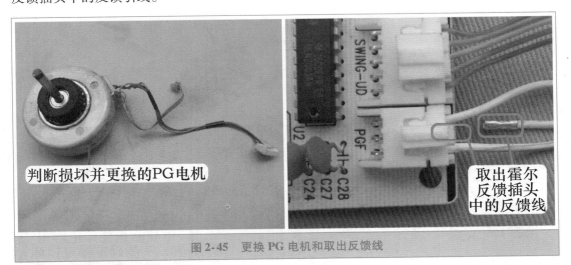

判断损坏并更换的PG电机

取出霍尔反馈插头中的反馈线

图2-45　更换 PG 电机和取出反馈线

3. 测量霍尔反馈电压

使用万用表直流电压档，见图 2-46 左图，黑表笔接地，红表笔接取出的霍尔反馈引线，同时用手拨动贯流风扇测量电压，实测电压为 0V ~ 5V ~ 0V ~ 5V 跳动变化，从而确定新更换的室内风机正常，故障在室内机主板。

引起室内风机霍尔反馈 5V 电压降低至约 0.3V，说明室内机主板霍尔反馈电路有短路或漏电故障，为准确判断，拔下霍尔反馈插头，使用万用表电阻档，见图 2-46 右图，测量 PGF 插座地引针和反馈引针阻值，实测仅 824Ω，而正常值应为无穷大，从而确定霍尔反馈电路有漏电故障。

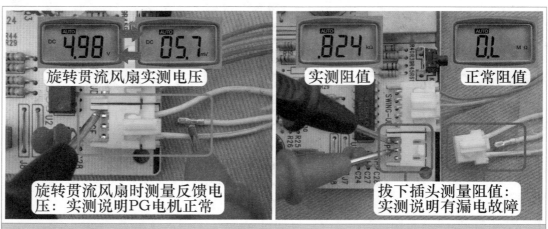

图 2-46　测量霍尔反馈电压和阻值

**4. 测量瓷片电容阻值**

见图 2-47，查看霍尔反馈电路，漏电常见故障元件为瓷片电容，本机为 C27 和 C26，使用烙铁取下电容 C27，再使用万用表电阻档直接测量引脚阻值，正常值应为无穷大，而实测仅为 824Ω，从而确定瓷片电容 C27 漏电（或称为短路）损坏。

取下电容 C27 不再安装，再次通电并安装霍尔反馈插头，用手拨动贯流风扇时测量 PGF 反馈引针电压，实测为 0V ～ 5V ～ 0V ～ 5V 跳动变化，遥控器开机后电压变为约 2.5V，说明霍尔反馈电路恢复正常，长时间运行不再停机保护，制冷恢复正常。

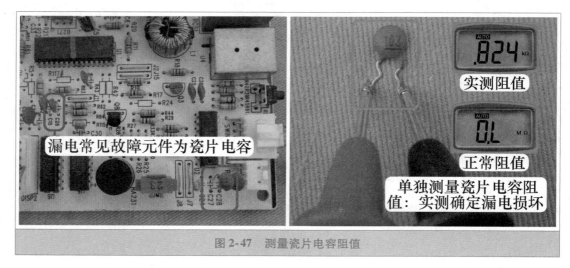

图 2-47　测量瓷片电容阻值

➡ **维修措施：**见图 2-48，更换瓷片电容 C27（103）。如果暂时没有相同元件更换，可不用安装，室内机主板的霍尔反馈电路也能正常工作，待到有配件再进行更换。

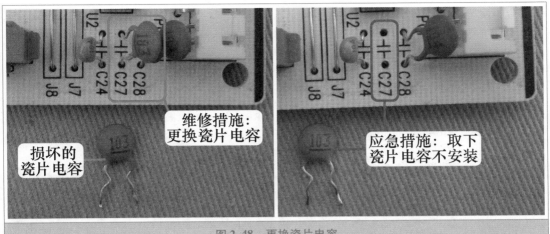

图 2-48　更换瓷片电容

总　结：

　　本例在维修时走了弯路，测量霍尔反馈电压在 0 ~0.3V 间跳动变化时，便确定 PG 电机损坏，以至于更换 PG 电机后故障依旧。本例正确的做法应当取下霍尔反馈插头中的反馈引线（见图 2-46 左图），单独测量霍尔反馈电压加以确定，可避免误判。

## 七、代换光耦晶闸管

➡ 故障说明：东洋 KFR-35GW/D 挂式空调器，遥控器开机后室内风机不运行，检查结果为光耦晶闸管损坏，因无原型号配件更换，从一块旧空调器主板上拆下光耦晶闸管，检测正常后代换损坏的光耦晶闸管。图 2-49 为室内风机驱动电路原理图。

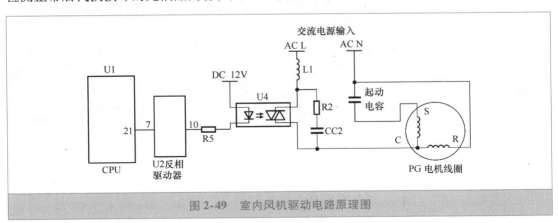

图 2-49　室内风机驱动电路原理图

### 1. 原光耦晶闸管安装位置和引脚功能

　　见图 2-50，拆下损坏的光耦晶闸管，本机型号为 TLP3526，并根据主板上铜箔的走线确定引脚功能。光耦晶闸管在主板上只接 4 个引脚：初级侧 2 个引脚，分别接供电（5V 或 12V）和 CPU 驱动；次级 2 个引脚，分别接电源供电 L 相线和室内风机公共端，其余均为空脚。

图 2-50　原机光耦晶闸管安装位置和引脚功能

**2. 代换光耦晶闸管实物外观**

见图 2-51，代换的光耦晶闸管型号为 SW1DD-H1-4C，根据旧主板上铜箔的走线连接元器件确定出引脚功能，并焊上引线。

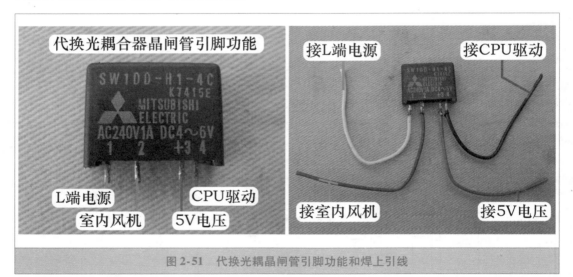

图 2-51　代换光耦晶闸管引脚功能和焊上引线

**3. 代换过程**

由于原机光耦晶闸管工作电压为直流 12V，而代换的光耦晶闸管工作电压为 5V，见图 2-52，因此要将 5V 引线焊接至主板 5V 铜箔走线（本例焊至 5V 滤波电容正极），再将其余 3 根引线按功能焊入主板的相应焊孔即可，最后固定在主板合适的位置上（要注意绝缘）。

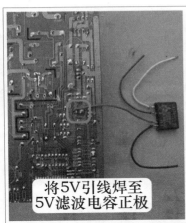
将5V引线焊至
5V滤波电容正极

将其余3根引线焊
至主板对应焊孔

固定在合适位置

图 2-52 代换过程

总结：

　　1) 在实际维修中光耦晶闸管损坏是比较常见的故障，但是相同型号的配件一般不容易购买到，而维修人员一般都有更换下来的空调器主板，因此从旧主板上拆下光耦晶闸管，通过连接引线进行代换是比较经济的方法。

　　2) 要尽量在室内风机驱动电路类似的主板上拆件，一般有两项要求应尽量相同：一是初级侧工作电压（5V 或 12V），二是 CPU 驱动方法（直接驱动或经反相驱动器、晶体管放大后驱动）。

# 第三章

## 空调器室外机故障

Chapter **3**

---

### 第一节　连接线故障

---

**一、　新装机连接线接错**

➡ **故障说明:** 格力 KFR-23GW／(23570)Aa-3 挂式空调器,用户反映新装机不制冷,室内机吹热风。

**1. 检查室外风机和手摸三通阀**

上门检查,使用遥控器制冷模式开机,导风板打开,室内风机和室外机开始运行,在室内机出风口感觉吹出的风较热。

见图 3-1,到室外机检查,能听到压缩机的运行声音,但室外风机不运行,手摸粗管(三通阀)较热,并观察到冷凝器结霜,说明系统处于制热状态,由于是新装机,初步判断室外风机与四通阀线圈引线接反。

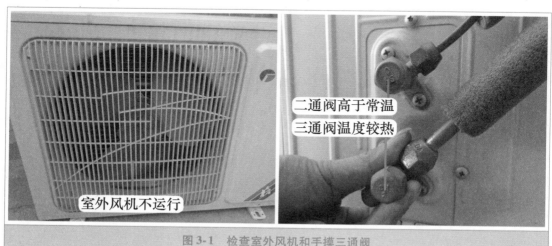

二通阀高于常温
三通阀温度较热

室外风机不运行

图 3-1　检查室外风机和手摸三通阀

**2. 查看室外机连接线**

室外机电气接线图粘贴在室外机接线盖内侧,见图 3-2·左图,标注室外机接线端子的连接线颜色顺序为蓝(1、N)-黑(2、压缩机)-紫(4、四通阀线圈)-橙(5、室外风机)。

见图3-2右图，查看室外机接线端子实际接线，1号为蓝线，2号为黑线，4号为橙线，5号为紫线，并且4号和5号端子上下的引线颜色也不对应，说明4号和5号端子连接线接反。

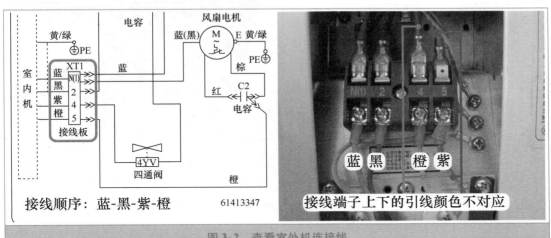

图3-2 查看室外机连接线

➡ 维修措施：见图3-3，对调4号和5号端子下方的引线，调整后4号端子为紫线，5号端子为橙线。再次通电开机，室外风机和压缩机均开始运行，手摸二通阀温度迅速变凉，在室内机出风口感觉温度也开始变凉，制冷恢复正常。

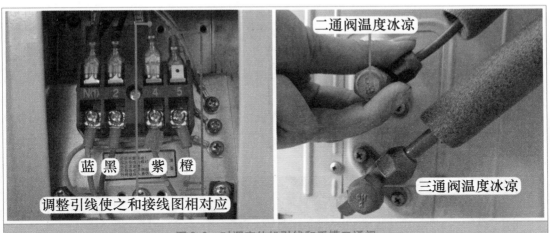

图3-3 对调室外机引线和手摸二通阀

总结：

上述例子接线端子处引线使用原装引线，可根据引线颜色来分辨，如果空调器加长管道并加长连接线，见图3-4左图，根据加长引线颜色不能分辨。见图3-4右图，可使用万用表交流电压档，黑表笔接1号零线端子N，红表笔接2号、4号、5号端子测量电压，如果N-2号（压缩机）、N-4号（四通阀线圈）电压均为交流220V，而N-5号（室外风机）电压为交流0V，可确定室外风机与四通阀线圈引线接反。排除故障方法和上述例子相同，也是对调室外机接线端子上室外风机与四通阀线圈引线。

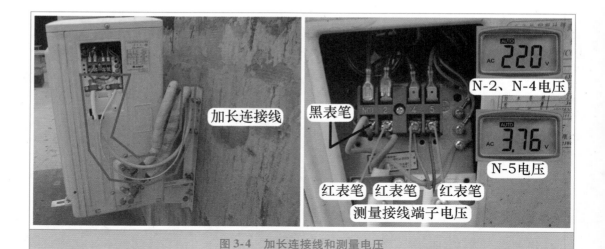

图 3-4　加长连接线和测量电压

## 二、　加长连接线中的铝线开路

➡ **故障说明：** 格力 KFR-23GW 挂式空调器，用户反映购买时使用正常，后来因搬家移机，加长了连接管道，当时制冷也正常，使用一个夏天后第二年开机时室外机不运行，同时因室外机放在门口，不慎将管道握瘪，要求一起上门处理。

**1. 测量压缩机电压**

上门检查，查看连接管道在室外机二通阀和三通阀处已经握瘪，由于需要收氟，应当先使压缩机运行，使用遥控器制冷模式开机，室外风机和压缩机均不运行。

使用万用表交流电压档，见图 3-5 左图，测量室外机接线端子处压缩机和室外风机电压均为交流 0V，判断室内机主板未输出供电。

到室内机检查，见图 3-5 右图，测量室内机主板压缩机和室外风机端子上的电压均为交流 220V，说明室内机主板已输出供电。

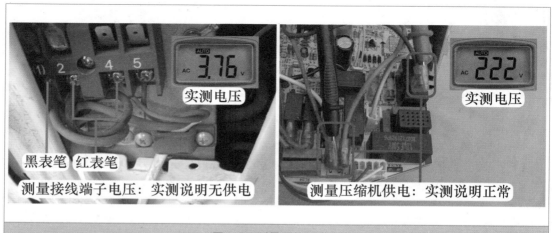

图 3-5　测量压缩机供电

**2. 测量压缩机阻值**

断开空调器电源，见图3-6左图，使用万用表电阻档，测量室内机主板N端子与压缩机端子阻值，实测阻值为无穷大。

见图3-6右图，到室外机接线端子测量N端子与2号端子阻值约4Ω，说明压缩机线圈阻值正常，因在室内机主板测量阻值为无穷大，应检查室内外机连接线。

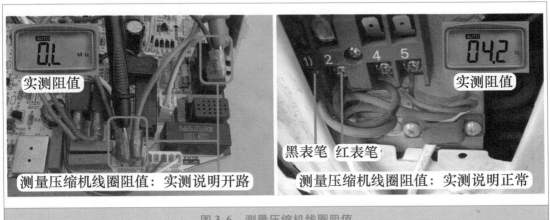

图3-6 测量压缩机线圈阻值

**3. 短接加长连接线**

见图3-7左图，查看此机加长约2m的连接管线，剥开包扎带，观察到如使用原机配线也可以连接至室外机接线端子。

见图3-7右图，经短路连接线后再次通电试机，室外风机和压缩机均开始运行，从而确定故障为加长的连接线。

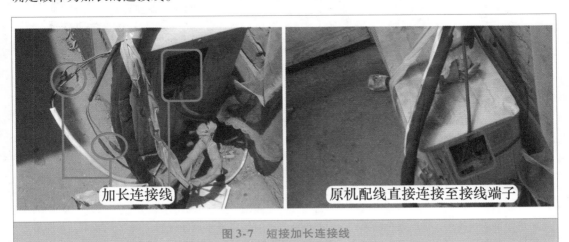

图3-7 短接加长连接线

**4. 铝芯连接线**

见图3-8，查看加长连接线使用1束3芯和1束2芯的引线，从外观看线径和护套均较粗，但仔细查看线丝为铝芯，即通常说的铝线，查看铝线接头时发现已经粉化，用手一捏变成粉末状。

75

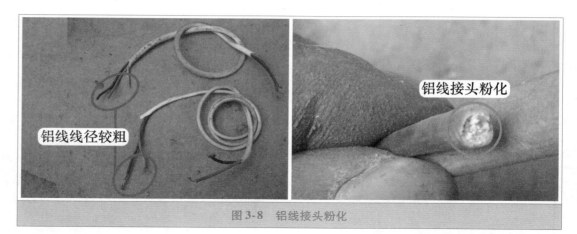

图 3-8　铝线接头粉化

➡ **维修措施：** 见图 3-9 左图，使用铜芯线更换加长连接线，更换后通电开机，压缩机与室外风机均开始运行，收氟后割掉握瘪的粗管和细管，并重新扩口安装二通阀和三通阀螺母，排空后开机加氟试机制冷恢复正常。

**总 结：**

建议安装空调器时如需要加长管线，见图 3-9 右图，连接线应使用铜芯线，即使线径细一些，在实际维修中故障率也较低。

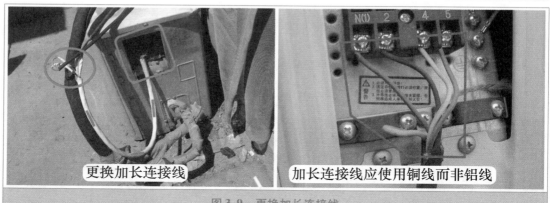

图 3-9　更换加长连接线

**经 验：**

由于目前新装的空调器，如果加长连接管线，连接线通常使用铝线，因而故障率较高，实际维修中，判断铝线是否损坏的一个简单方法如下。

开机后室外风机和压缩机均不运行，测量室外机接线端子处压缩机和室外风机电压均为交流 0V，此时应到室内机检查，按压遥控器关机，同时细听是否有继电器触点断开时"啪"的响声：如果有，则说明开机时压缩机继电器触点已闭合，室内机主板已输出供电，可不用取下室内机外壳测量主板上压缩机端子电压，应重点检查加长连接线接头；如果关机时未听到继电器触点响声，则说明故障可能为室内机主板未输出供电，应测量主板端子电压。但在实际检修中，新装空调器室内机主板未输出供电的故障率很低，绝大部分为连接线开路。

**连接线常见故障**

（1）零线 N 接头断开

由于 N 线为压缩机、室外风机提供的零线，此线通过的电流较大，铝丝容易发热，接头处也容易断开，见图 3-10，造成开机后压缩机和室外风机均不运行的故障。同时压缩机引线电流也比较大，接头处也容易断开，造成开机后压缩机不运行但室外风机运行的故障。

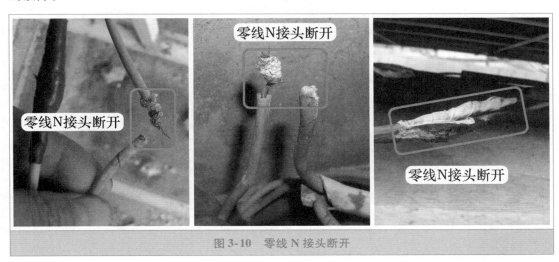

图 3-10　零线 N 接头断开

（2）接头烧断或绝缘层脱落

见图 3-11 左图和中图，加长连接线（铝芯）常见故障还有接头粉化（断开）、铝线直接烧断；见图 3-11 右图，有些加长连接线虽然使用铜线，但质量较差也经常出现接头烧断，或绝缘层脱落、引发漏电或跳闸的故障。

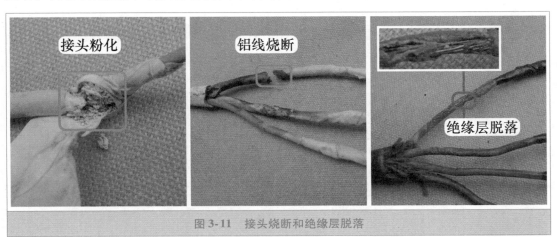

图 3-11　接头烧断和绝缘层脱落

## 三、加长连接线接头短路

➡ 故障说明：海尔 KFR-50GW/V 挂式空调器，用户反映接通电源正常，但开机后能看到插座处有火花，随即断路器（俗称空气开关）跳闸。

**1. 测量电源插头和接线端子阻值**

上门检查，首先使用万用表电阻档，见图 3-12，测量电源插头 N 与地的阻值，实测为无穷大，排除漏电故障；在室内机接线端子处测量 2（N）与 1（L-压缩机）的阻值约为 2Ω、2（N）与 4（四通阀线圈）阻值约为 1.4kΩ、2（N）与 5（室外风机）阻值约 200Ω，均接近正常值，判断正常。

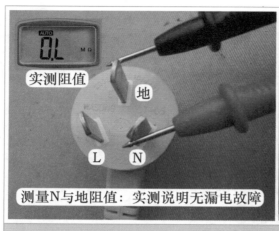
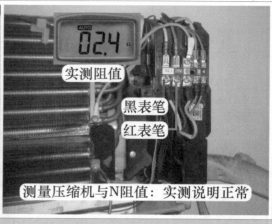

图 3-12　测量电源插头和接线端子阻值

**2. 取下室内外机连接线和查看连接管道**

检查阻值正常后，将空调器接通电源，导风板自动复位，断路器正常；使用遥控器开机，室内机主板继电器触点刚闭合，听到"嘭"的一声，断路器立即跳闸保护，说明交流 220V 有短路故障。

见图 3-13 左图，在室内机接线端子处断开室内外机连接线，再次通电开机，室内风机运行，断路器不再跳闸，说明室内机正常，故障在室外机。

查看此机室内机和室外机距离较远，见图 3-13 右图，中间穿过一间房子，中间加长有连接管道，由于是短路故障，应查看连接部分的电源线接头是否正常。

图 3-13　取下连接线和查看连接管道

### 3. 查看连接管道

原机配管通常约3m，顺着室内外机连接管道查找时，见图3-14，在3m处发现有烧焦发黑痕迹，剥开包扎带，发现1束3根线即1（L-压缩机）、2（N）、地线的接头熔化在一起，能看到打火痕迹，说明由此处引发短路故障，而另1束2根线即4（四通阀线圈）、5（室外风机）接头正常。

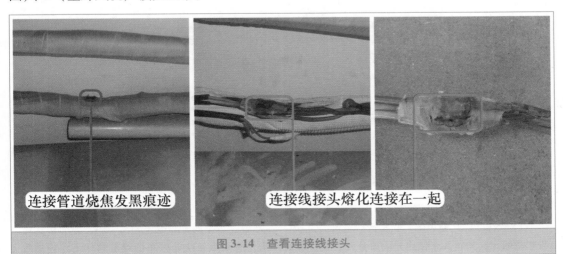

连接管道烧焦发黑痕迹　　　连接线接头熔化连接在一起

图3-14　查看连接线接头

### 4. 更换连接线接头

由于原机配线和加长连接线均正常，只是接头处烧坏，见图3-15，维修时剪断损坏的连接线，并找一段合适长度的连接线，剥开绝缘层，按引线功能对接两端引线，并使用胶布包好做好绝缘。

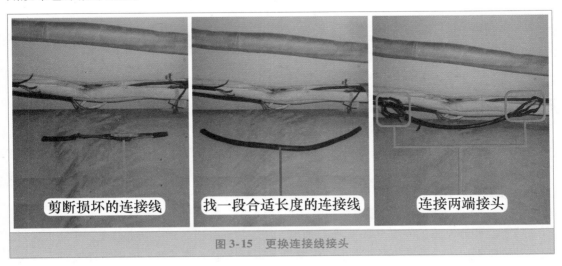

剪断损坏的连接线　　　找一段合适长度的连接线　　　连接两端接头

图3-15　更换连接线接头

恢复室内机接线端子上的室内外机连接线，再次通电试机，室内机和室外机均开始运行，断路器不再跳闸，说明故障排除。

关机后并拔下电源插头，见图3-16，将加长的一段连接线两端接头彼此分开互不相连，并使用包扎带固定，防止以后再出现类似故障。

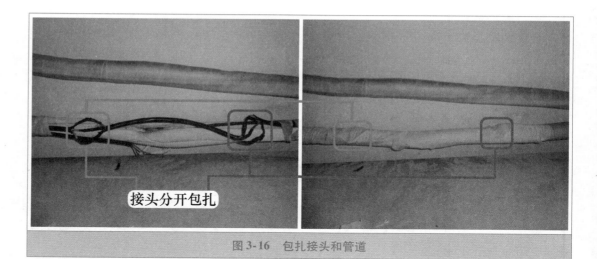

接头分开包扎

图 3-16　包扎接头和管道

➡ **维修措施**：更换加长连接线接头。

> **总 结：**
>
> 　　1）本机为 2P 空调器，正常运行电流约为 8A，冷凝器散热效果差时电流约为 10A，因而接头处发热量较大，如接头未使用分段或分开包扎，长时间运行将导致接头处胶布绝缘层熔化出现短路故障。在实际维修中，1P 空调器很少出现加长连接线接头短路故障，常见为 1.5P 和 2P 空调器。
>
> 　　2）测量 1（L-压缩机）、2（N）阻值时，相当于测量压缩机公共端和运行绕组阻值，由于正常阻值较小（2Ω），和短路阻值相差不大，因而容易引起误判。

---

## 第二节　室外风机和四通阀线圈故障

### 一、室外风机轴承卡死

➡ **故障说明**：海信 KFR-26GW/11BP 挂式交流变频空调器，用遥控器开机后室内机主板向室外机供电，室内机显示板组件运行灯点亮，说明压缩机已开始运行，室内机也开始吹凉风，但吹风温度逐渐上升，约 5min 后室内机吹风为热风，然后逐渐变为自然风，运行指示灯熄灭，表示压缩机已停止运行。

**1. 测量室外风机电压和电流**

拔下空调器电源，待约 3min 后重新通电，用遥控器开机后到室外机检查，压缩机运行，但室外风机不运行，手摸冷凝器烫手，压缩机运行频率也逐渐下降，由于室外风机不运行，冷凝器过热，压缩机容易过热损坏，断开空调器电源，在室外机拔下模块板上的压缩机 3 根引线，再次通电开机，室外风机和压缩机均不运行，使用万用表交流电压档，见图 3-17 左图，测量室外风机供电，实测电压为交流 220V，说明室外机主板供电正常。

使用万用表交流电流档，见图 3-17 右图，测量室外风机公共端白线电流约为 0.4A，可说明室外机主板已输出供电，且室外风机公共端 C 与运行绕组 R 的线圈阻值正常，否则电流为 0A。

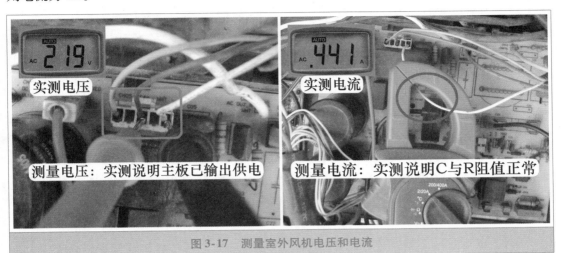

图 3-17　测量室外风机电压和电流

### 2. 拨动室外风扇和测量阻值

室外风机得到供电后仍不运行，原因有 2 个，1 是轴承卡死，2 是电容损坏。为判断故障，用手拨动室外风扇，感沉很沉重，室外风机仍不运行，判断轴承卡死，因为电容损坏引起的室外风机不运行时，如果用手拨动室外风扇，相当于增加起动转矩，室外风机应能运行起来。断开空调器电源，见图 3-18 左图，再用手转动室外风扇仍然感觉很沉重，确定室外风机内部轴承卡死，维修时可更换轴承处理。

使用万用表电阻档测量室外风机线圈阻值，如果线圈开路或短路损坏，再更换轴承已经没有意义，因此在更换前应确定线圈阻值是否正常，见图 3-18 右图，实测公共端 C 与运行绕组 R 阻值为 203Ω，公共端 C 与起动绕组 S 阻值为 241Ω，运行绕组 R 与起动绕组 S 阻值为 444Ω，说明室外风机线圈阻值正常。

图 3-18　用手转动室外风扇和测量线圈阻值

3. 室外风机

本机室外风机使用塑封电机即线圈、定子、外壳、下盖使用高强度塑料封装为一体，和室内风机类似，因此结构较为简单，见图3-19左图，主要由定子、转子和上盖组成。

取出转子，用手转动上轴承和下轴承，发现下轴承阻力较大，如果不使劲根本转不动，判断为下轴承损坏，轴承型号为608Z，见图3-19中图。但考虑到下轴承损坏时一般上轴承也将严重磨损，因此将上下2个轴承一起更换。

➡ 维修措施：更换室外风机转子的上下2个轴承，更换后组装室外风机，用手转动转轴感觉很轻松，见图3-19右图，将室外风机安装在室外机上面，安装线圈插头和压缩机的3根引线，再次通电开机，压缩机运行后，室外风机也开始运行，并且转速正常，运行时噪声也不大，在出风框处感觉出风量很大，制冷恢复正常，故障排除。

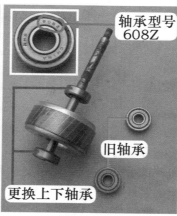

图3-19 更换轴承后用手转动转轴

**二、 室外风机电容容量减小**

➡ 故障说明：海信KFR-26GW/27BP挂式交流变频空调器，制冷效果差，长时间开机房间温度下降很慢。

1. 测量系统压力和电流

到室外机查看，手摸二通阀温度为常温、三通阀温度是凉的，在室外机三通阀检修口接上压力表，见图3-20左图，测量系统运行压力约为0.55MPa，高于正常值0.45MPa。

使用万用表交流电流档，见图3-20右图，在室外机接线端子处测量1号电源L相线相当于测量室外机电流，实测电流约为6A，也高于正常值（约4A），实测压力和电流均高于正常值，说明冷凝器散热系统有故障，应检查室外风机转速或冷凝器是否脏堵。

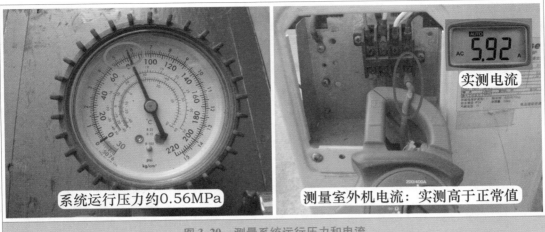

系统运行压力约0.56MPa　　　　测量室外机电流：实测高于正常值

图 3-20　测量系统运行压力和电流

**2. 查看冷凝器**

观察冷凝器背面干净，并无毛絮或其他杂物，见图 3-21 左图，手摸冷凝器上部烫手、中部较热、最底部温度也高于室外温度较多，判断冷凝器散热不良，用手轻拍冷凝器背面，从出风框处几乎没有尘土吹出，排除冷凝器脏堵故障。

见图 3-21 右图，将手放在室外机出风框约 15cm 的位置，便感觉风量很小，几乎感觉不到；将手靠近出风框时，才感觉到很弱小的风量，同时吹出的风很热，综合判断室外风机转速慢。

➡ 说明：室外风机驱动室外风扇（轴流风扇），风从出风框的边框送出，以约 45° 的角度向四周扩散，如将手放到正中心，即使正常的空调器，也无风吹出。

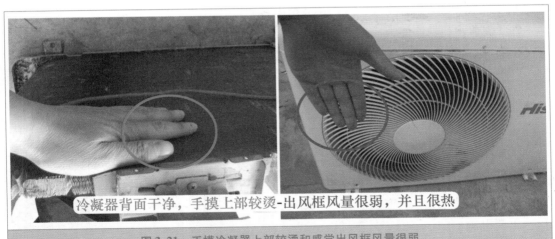

冷凝器背面干净，手摸上部较烫-出风框风量很弱，并且很热

图 3-21　手摸冷凝器上部较烫和感觉出风框风量很弱

**3. 测量室外风机电压**

取下室外机外壳，见图 3-22，观察室外风机转速确实很慢，使用万用表交流电压档，测量室外风机电压，实测为交流 220V，说明室外机主板输出供电正常。

室外风机在供电电压正常的前提下转速慢，常见原因有线圈短路、电容容量变小、电机轴承缺油引起阻力大等。

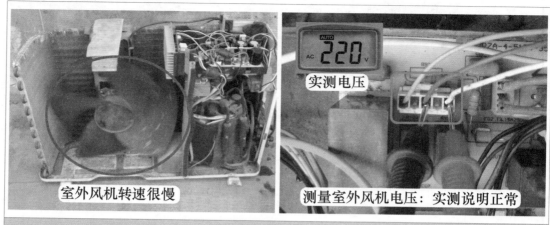

图 3-22　室外风机转速慢和测量室外风机电压

**4. 测量室外风机电流**

见图 3-23 左图，使用万用表交流电流档，用钳头夹住室外风机公共端白线，测量室外风机电流，实测约为 0.4A，和正常值基本接近，可排除线圈短路故障，因为室外风机线圈短路时电流高于正常值很多。

断开空调器电源，用手转动室外风扇，感觉无阻力，转动很轻松，排除轴承因缺油而引起的滚珠卡死或阻力大故障，应检查室外风机电容。

**5. 测量室外风机电容容量**

普通万用表不能测量电容容量，应使用专用仪表或带有电容测量功能的万用表，本例选用某品牌 VC97 型万用表，将档位拨至电容测量。

拔下室外风机线圈插头，表笔接电容的 2 个引脚，见图 3-23 右图，显示值仅为 35nF 即 0.035μF，还不到 0.1μF，接近于无容量，而电容标称容量为 3μF，说明电容无容量损坏。

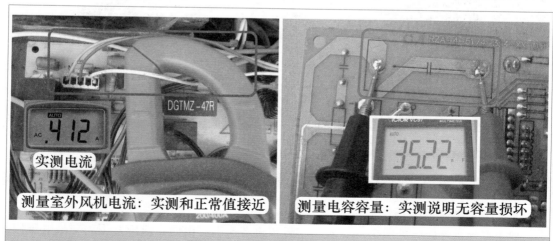

图 3-23　测量风机电流和电容容量

➡ **维修措施**：见图3-24，更换室外风机电容，其使用引脚电容，容量为3μF，使用烙铁焊在室外机主板上面。

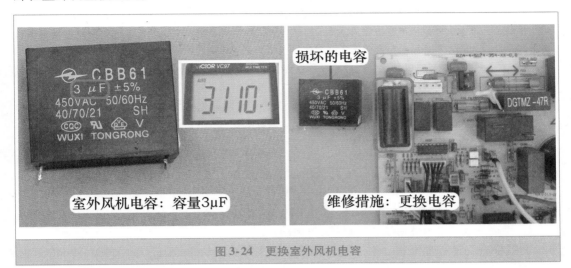

图3-24 更换室外风机电容

更换后通电开机，室外风机和压缩机开始运行，见图3-25左图，目测室外风机转速明显加快，在室外机出风框约60cm的位置即能感觉到明显风量。

使用万用表交流电流档，见图3-25右图，测量室外风机电流约为0.3A，比更换电容前下降约0.1A。

手摸冷凝器上部热、中部较温、下部接近室外温度，二通阀和三通阀温度均较凉，测量系统运行压力约0.45MPa，室外机运行电流约4.2A，室内机出风口温度较凉，并且房间温度下降速度比更换前明显加快，说明空调器恢复正常，故障排除。

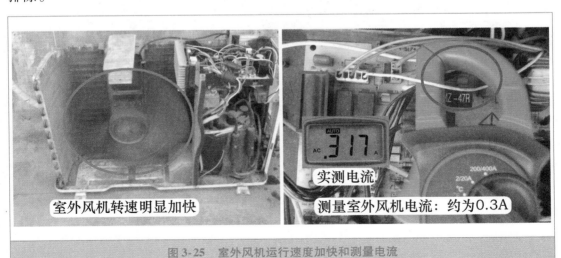

图3-25 室外风机运行速度加快和测量电流

总结：

1）室外风机电容容量变小或无容量故障在实际维修中损坏的比例很大，通常空调器使用几年之后，室外（内）风机电容容量均会下降，由于室外风机转速下降时使用肉眼不容易判断，因此故障相对比较隐蔽，本例室外风机电容容量为3μF，如果容量下降至1.5μF，室外风机转速会下降，但单凭肉眼几乎很难判断。室外风机电容无容量时室外风机因无起动转矩而不能运行。

2）室外风机转速下降即转速慢时故障现象表现为：冷凝器温度高，室外机运行电流大，系统运行压力高，在室外机出风框感觉时风量小且很热，二通阀不结露，制冷效果差。

3）检修室外风机转速慢时，为判断故障由线圈短路或电容容量小引起，测量室外风机电流可区分故障：电流很大为线圈短路，电流接近正常值为电容容量变小故障。

## 三、 室外风机电容无容量

➡ 故障说明：海尔 KF-22GW/（F）挂式空调器，用户反映空调器不制冷。

**1. 手摸冷凝器发烫和测量室外机供电电压**

上门检查，遥控器开机，在三通阀检修口接上压力表，静态压力约1MPa，3min延时过后室外机运行，运行压力下降至约0.5MPa，在室内机出风口感觉有凉风吹出，说明空调器正常制冷，约5min后在室内机感觉变为自然风。

到室外机查看系统压力为1.5MPa，说明压缩机停止运行，见图3-26，手摸冷凝器发烫，取下室外机顶盖，使用万用表交流电压档测量接线端子上1（L）、2（N）电压，实测为交流221V，说明室内机主板仍向室外机供电。

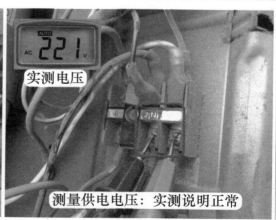

手摸冷凝器发烫

221 实测电压

测量供电电压：实测说明正常

图3-26 手摸冷凝器和测量电压

**2. 拨动室外风扇**

在测量室外机电压的同时查看到室外风扇不运行，见图3-27，用手摸室外风扇时有轻微的振动感觉，说明室外风机线圈已供电，用手按运行方向拨动室外风扇，室外风扇便运行起来，初步判断室外风机起动绕组损坏或电容无容量损坏。

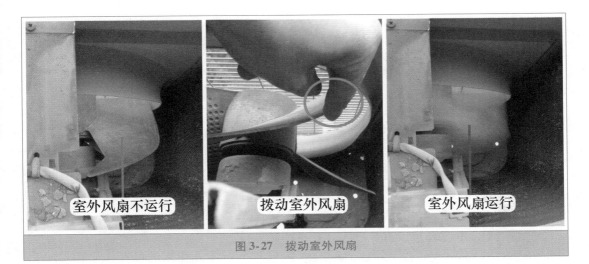

图 3-27  拨动室外风扇

**3. 测量室外风机线圈阻值**

关机并拔下空调器电源插头，使用万用表电阻档，测量室外风机线圈阻值。由于本机为单冷空调器，室外风机和压缩机并联，因此在测量阻值前应拔下 2（N）端子上的室外风机公共端黑线（C）插头。

见图 3-28 左图，1 表笔接黑线（C）、1 表笔接运行绕组白线（R）测量阻值，实测结果为 329Ω；

见图 3-28 中图，1 表笔接黑线（C）、1 表笔接起动绕组棕线（S）测量阻值，实测结果为 169Ω；

见图 3-28 右图，1 表笔接运行绕组白线（R）、1 表笔接起动绕组棕线（S）测量阻值，实测结果为 498Ω。

根据 3 次测量结果，说明室外风机线圈阻值正常，排除起动绕组开路损坏，故障在室外风机电容。

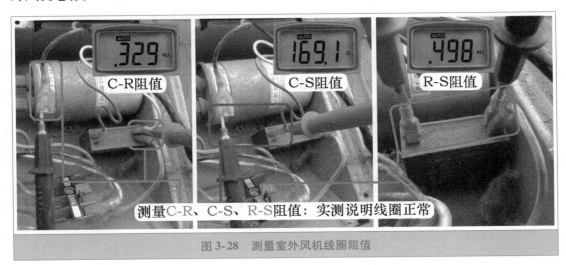

图 3-28  测量室外风机线圈阻值

➡ **维修措施：**见图 3-29，更换室外风机电容。查看原电容容量为 2μF，使用相同型号备件更换后通电试机，3min 延时过后室内机主板向室外机供电，室外风机和压缩机均开始运行，空调器开始制冷，长时间运行不再停机保护。

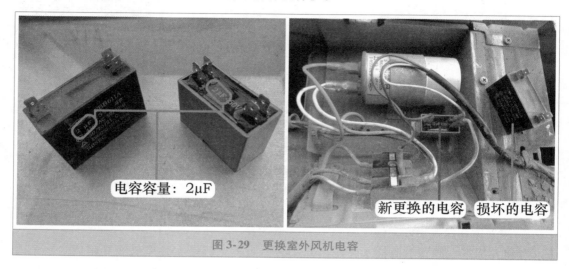

电容容量：2μF

新更换的电容　损坏的电容

图 3-29　更换室外风机电容

### 四、　室外风机线圈开路

➡ **故障说明**：海尔 KFR-26GW/03GCC12 挂式空调器，用户反映不制冷，长时间开机室内温度不下降。

**1. 检查出风口温度和室外机**

上门检查，用户正在使用空调器，见图 3-30 左图，将手放在室内机出风口，感觉为自然风，接近房间温度，查看遥控器设定为制冷模式"16℃"，说明设定正确，应到室外机检查。

到室外机检查，手摸二通阀和三通阀均为常温，见图 3-30 右图，查看室外风机和压缩机均不运行，用手摸压缩机对应的室外机外壳温度很高，判断压缩机过载保护。

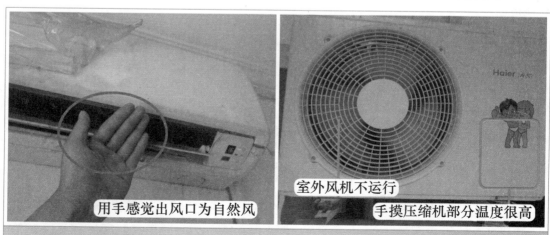

用手感觉出风口为自然风

室外风机不运行

手摸压缩机部分温度很高

图 3-30　室内机吹风不凉和室外风机不运行

**2. 测量压缩机和室外风机电压**

使用万用表交流电压档，见图 3-31 左图，测量室外机接线端子上 2（N）零线和 1

（L）压缩机电压，实测为交流221V，说明室内机主板已输出压缩机供电。

见图3-31右图，测量2（N）零线和4（室外风机）端子电压，实测为交流221V，室内机主板已输出室外风机供电，说明室内机正常，故障在室外机。

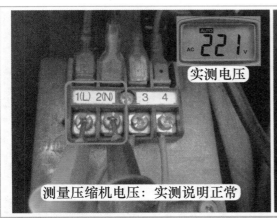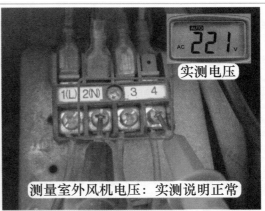

实测电压 实测电压

测量压缩机电压：实测说明正常 测量室外风机电压：实测说明正常

图3-31 测量压缩机和室外风机电压

**3. 拨动室外风扇和测量线圈阻值**

见图3-32左图，将螺钉旋具从出风框伸入，按室外风扇运行方向拨动室外风扇，感觉无阻力，排除室外风机轴承卡死故障，拨动后室外风扇仍不运行。

断开空调器电源，使用万用表电阻档，测量2（N）端子（接公共端C）和1（L）端子（接压缩机运行绕组R）阻值，实测结果为无穷大，考虑到压缩机对应的外壳烫手，确定压缩机内部过载保护器触点断开。

见图3-32右图，再次测量2（N）端子上黑线（接公共端C）和4端子上白线（接室外风机运行绕组R）阻值，正常阻值约为300Ω，而实测结果为无穷大，初步判断室外风机线圈开路损坏。

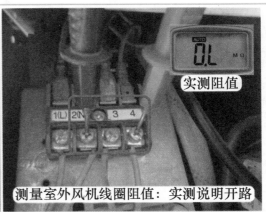

实测阻值

使用螺钉旋具拨动扇叶无阻力 测量室外风机线圈阻值：实测说明开路

图3-32 拨动室外风扇和测量线圈阻值

**4. 测量室外风机线圈阻值**

取下室外机上盖，手摸室外风机表面为常温，排除室外风机因温度过高而过载保护，依旧使用万用表电阻档，见图3-33，1表笔接公共端（C）黑线、1表笔接起动绕组（S）棕线测量阻值，实测结果为无穷大；将万用表1表笔接S棕线、1表笔接R白线测量阻值，实测结果为无穷大，根据测量结果确定室外风机线圈开路损坏。

图3-33　测量室外风机线圈阻值

➡ **维修措施：**见图3-34，更换室外风机。更换后使用万用表电阻档测量2（N）和4端子阻值为332Ω，通电开机，室外风机和压缩机均开始运行，制冷正常，长时间运行压缩机不再过载保护。

图3-34　更换室外风机和测量线圈阻值

**总 结：**

1）本例由于室外风机线圈开路损坏，室外风机不能运行，制冷开机后冷凝器热量不能散出，运行压力和电流均直线上升，约4min后压缩机因内置过载保护器触点断开而停机保护，因而空调器不再制冷。

2）本机室外风机型号为KFD-40MT，6极27W，黑线为公共端（C），白线为运行绕组（R）、棕线为起动绕组（S），实测C-R阻值为332Ω、C-S阻值为152Ω、R-S阻值为484Ω。

## 五、 四通阀线圈开路

➡️ 故障说明：格力 KFR-23GW/Aa-3 挂式空调器，制热开机后，室外机运行，室内机一直不吹风。

### 1. 设置遥控器和检查蒸发器

见图 3-35，将遥控器模式调整为"制热"，设定温度为 28℃，遥控器开机后室外机运行，但室内机一直不吹风，检查室内机蒸发器结霜，室外机二通阀处也结霜，三通阀冰凉，测量系统压力为 0.2MPa，说明系统工作在制冷状态，由于空调器改变制冷或制热的工作状态由四通阀转换，因此应测量四通阀线圈工作电压是否正常。

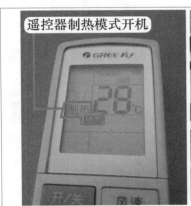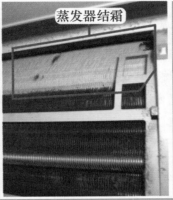

图 3-35 制热开机蒸发器结霜

### 2. 测量四通阀线圈电压和阻值

使用万用表交流电压档，见图 3-36 左图，黑表笔接室外机接线端子上零线 N（1），红表笔接 4 号（四通阀线圈）测量电压，实测电压为交流 220V，说明室内机主板已输出供电，故障在室外机。

断开空调器电源，使用万用表电阻档，见图 3-36 右图，2 个表笔分别接 N（1）和 4 号端子测量四通阀线圈阻值，正常为 2kΩ 左右，实测结果为无穷大，判断四通阀线圈开路损坏。

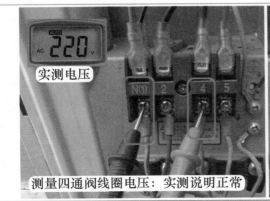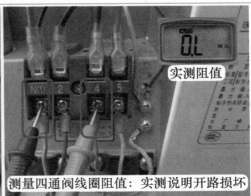

图 3-36 测量四通阀线圈电压和阻值

➡️ **维修措施:** 见图 3-37 左图和中图,更换四通阀线圈,更换后遥控器开机,系统压力逐渐上升,同时蒸发器温度也逐渐上升,防冷风保护过后,室内风机吹出较热的风,一段时间以后,系统压力稳定在约 2.1MPa,制热恢复正常,故障排除。见图 3-38 右图,使用万用表电阻档测量取下的四通阀线圈,实测阻值仍为无穷大,从而确定开路损坏。

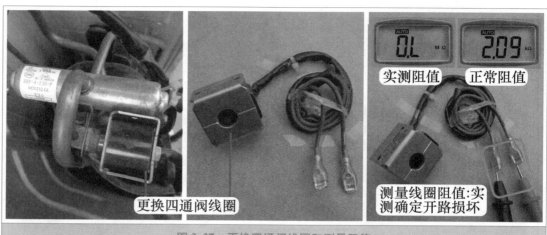

图 3-37　更换四通阀线圈和测量阻值

**总　结:**

　　1) 四通阀线圈开路,导致四通阀内部阀块不能转换,因而制热模式开机后室内机蒸发器结霜,室内风机由于防冷风功能一直处于停止状态。

　　2) 本例四通阀线圈为直接开路损坏,还有一种常见故障为未通电时测量线圈阻值正常,制热模式开机后系统工作在制热状态,但工作 50s 左右线圈阻值变为无穷大,系统又转换至制冷状态,断开空调器电源,四通阀线圈在 10min 后又恢复至正常阻值,但是通电开机 30s 后阻值又变为无穷大,维修方法和本例相同,也是更换四通阀线圈。

# 第三节　压缩机故障

## 一、电源电压低

➡️ **故障说明:** 格力 KFR-72LW/E1（72568L1）A1-N1 清新风系列柜式空调器,用户反映不制冷,并显示 E5 代码,查看代码含义为低电压过电流保护。

### 1. 测量压缩机电流

上门检查,重新通电开机,到室外机检查,见图 3-38 左图,压缩机发出"嗡嗡"声但起动不起来,室外风机转一下就停机。

使用万用表交流电流档,见图 3-38 右图,测量室外机接线端子上 N 端电流,待 3min 后室内机主板再次为压缩机交流接触器线圈供电,交流接触器触点闭合,但压缩机依旧起动不起来，实测电流最高约 50A，由于是刚购机 3 年左右的空调器，压缩机电容通常不会损坏，应着重检查电源电压是否过低和压缩机是否卡缸损坏。

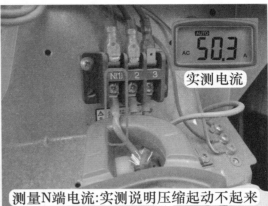

图 3-38　测量室外机电流

2. 测量电源电压

使用万用表交流电压档，见图 3-39，黑表笔接室外机接线端子上的 N（1）端子，红表笔接 3 端子，测量电压，在压缩机和室外风机未运行（静态）时，实测约为交流 200V，低于正常值 220V；待 3min 后室内机主板控制压缩机和室外风机运行（动态）时，电压直线下降至约 140V，同时压缩机起动不起来，3s 后室外机停机，由于压缩机起动时电压下降过多，说明电源电压供电线路有故障。

到室内机检查电源插座，测量墙壁中为空调器提供电源的引线，实测电压在压缩机起动时仍为交流 140V，初步判断空调器正常，故障为电源电压低引起，于是让用户找物业电工来查找电源供电故障。

➡ 说明：室外机接线端子上的 2 号为压缩机交流接触器线圈的供电引线。

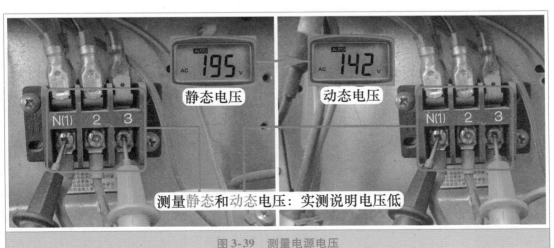

图 3-39　测量电源电压

➡ **维修措施**：经小区物业电工排除电源供电故障，再次通电但不开机，待机电压约为交流 220V，压缩机起动时动态电压下降至约 200V 但马上又上升至约 220V，同时压缩机运行正常，制冷也恢复正常。

**总 结：**

1）空调器中压缩机功率较大，对电源电压值要求相对比较严格一些，通常在压缩机起动时电压低于交流 180V 便容易引起起动不起来的故障，而正常的电源电压即使在压缩机卡缸时也能保证在约为交流 200V。

2）家用电器中如电视机、机顶盒等物品，其电源电路基本上为开关电源宽电压供电，即使电压低至交流 150V 也能正常工作，对电源电压值要求相对较宽，因此不能以电视机等电器能正常工作便确定电源电压正常。

3）测量电源电压时，不能以待机（静态）电压为准，而是以压缩机起动时（动态）电压为准，否则容易引起误判。

## 二、 压缩机电容损坏

➡ **故障说明**：海信 KFR-25GW 挂式空调器，用户反映开机后不制冷，图 3-40 为室外机电气接线图。

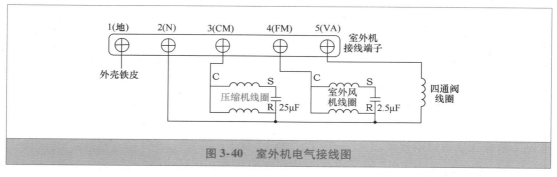

**图 3-40　室外机电气接线图**

**1. 测量压缩机电压和线圈阻值**

上门检查，用户正在使用空调器，用手在室内机出风口感觉为自然风，到室外机检查，发现室外风机运行但压缩机不运行，见图 3-41 左图，使用万用表交流电压档，在室外机接线端子上测量 2（N）（零线）与 3（CM）（压缩机）端子电压，正常为交流 220V，实测说明室内机主板已输出供电。

断开空调器电源，见图 3-41 右图，使用万用表电阻档，测量 2（N）与 3（CM）端子阻值（相当于测量压缩机公共端与运行绕组），正常值约为 3Ω，实测结果为无穷大，说明压缩机线圈回路有断路故障。

**2. 为压缩机降温**

询问用户空调器已开机运行一段时间，用手摸压缩机相对应的室外机外壳温度很高，大致判断压缩机内部过载保护器触点断开。

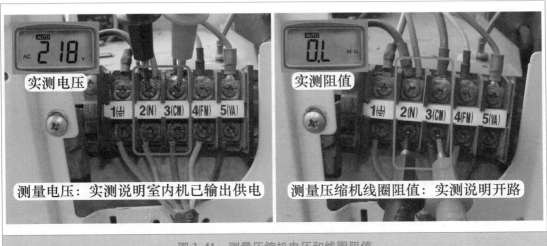

图 3-41 测量压缩机电压和线圈阻值

取下室外机外壳，见图 3-42，用手摸压缩机外壳烫手，确定内部过载保护器由于温度过高触点断开保护，将毛巾放在压缩机上部，使用凉水降温，同时测量 2（N）和 3（CM）端子的阻值，当由无穷大变为正常阻值时，说明内部过载保护器触点已闭合。

➡ 说明：压缩机内部过载保护器串接在压缩机线圈公共端，位于上部顶壳，用凉水为压缩机降温时，将毛巾放在顶部可使过载保护器触点迅速闭合。

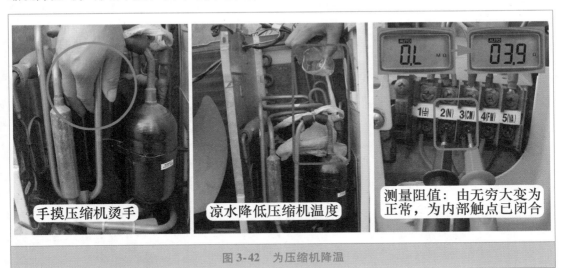

图 3-42 为压缩机降温

### 3. 压缩机起动不起来

测量 2（N）与 3（CM）端子阻值正常后通电开机，见图 3-43 左图，压缩机发出约 30s "嗡嗡" 的声音，停止约 20s 再次发出 "嗡嗡" 的声音。

见图 3-43 中图，在压缩机起动时使用万用表交流电压档，测量 2（N）与 3（CM）端子电压，实测为交流 218V（未发出声音时的电压，即静态）下降到 199V（压缩机发出 "嗡嗡" 声时电压，即动态），说明供电正常。

见图 3-43 右图，使用万用表交流电流档测量压缩机电流近 20A，综合判断压缩机起动不起来。

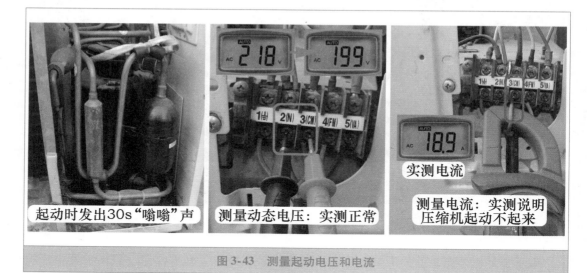

起动时发出30s"嗡嗡"声　　测量动态电压：实测正常　　测量电流：实测说明
压缩机起动不起来

实测电流

图3-43　测量起动电压和电流

### 4. 检查压缩机电容

在供电电压正常的前提下，压缩机起动不起来最常见的原因是电容无容量损坏，取下电容，使用2根引线接在2个端子上，见图3-44，并通上交流220V充电约1s，拔出后短接2个引线端子，电容正常时会发出很大的响声，并冒出火花，本例在短接端子时既没有响声，也没有火花，判断为电容无容量损坏。

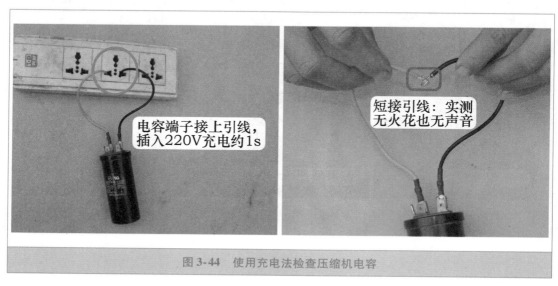

电容端子接上引线，
插入220V充电约1s

短接引线：实测
无火花也无声音

图3-44　使用充电法检查压缩机电容

➡ 维修措施：见图3-45，更换压缩机电容，更换后通电开机，压缩机运行，空调器开始制冷，再次测量压缩机电流约为4.4A，故障排除。

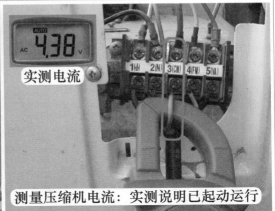

图 3-45　更换压缩机电容和测量电流

总　结：

1）压缩机电容损坏，在不制冷的故障中占到很大比例，通常发生在使用 3~5 年以后。

2）如果用户报修为不制冷故障，应告知用户不要开启空调器，因为如果故障原因为压缩机电容损坏或系统缺氟故障，均会导致压缩机温度过高造成内置过载保护器触点断开保护，在检修时还要为压缩机降温，增加维修时间。

3）在实际检修中，如果故障为压缩机起动不起来并发出"嗡嗡"的响声，一般不用测量直接更换压缩机电容即可排除故障；新更换电容容量误差在原电容容量的 20% 以内即可正常使用。

### 三、压缩机连接线烧坏

在检修压缩机不运行故障时，如使用万用表电阻档测量压缩机连接线阻值为无穷大，不要轻易判断压缩机线圈开路损坏，应当取下压缩机接线盖，观察连接线和接线端子是否正常，见图 3-46，压缩机连接线烧坏在维修中所占比例较高。

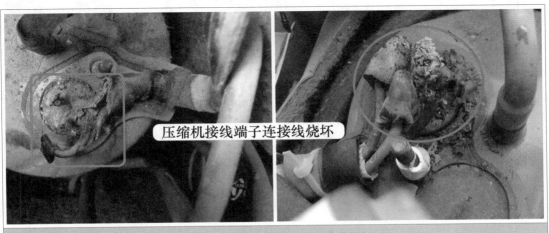

图 3-46　压缩机接线端子连接线烧坏

取下压缩机连接线，见图3-47，可看到连接压缩机端子的一侧引线损坏严重，连接电容的一侧引线基本上正常，这是由于压缩机工作时处于高温高压状态，其表面温度较高，如压缩机长时间运行，其连接线绝缘层容易破损脱落，出现漏电或开路故障。

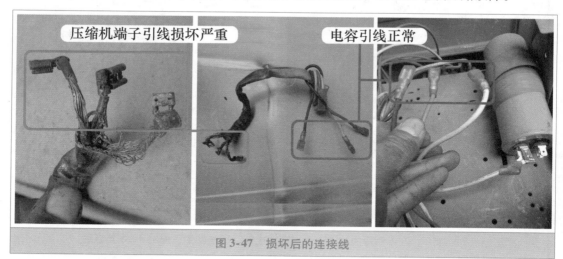

图 3-47　损坏后的连接线

出现此类故障后应更换压缩机连接线，但上门维修通常未配带相同型号的引线，应急维修时可参见下列方法。

某空调器不制冷，检查为压缩机不运行但室外风机运行，测量电控盒内压缩机引线时公共端与运行绕组、公共端与起动绕组阻值均为无穷大，起动和运行绕组阻值正常，取下压缩机接线盖后，见图3-48左图，发现公共端黑线接线端子烧掉，只剩下连接线，而起动绕组蓝线和运行绕组红线正常，检查压缩机接线端子也正常。

应急维修时可将电控盒内连接电容一侧的引线取下，见图3-48右图，按功能插在压缩机接线端子上面。

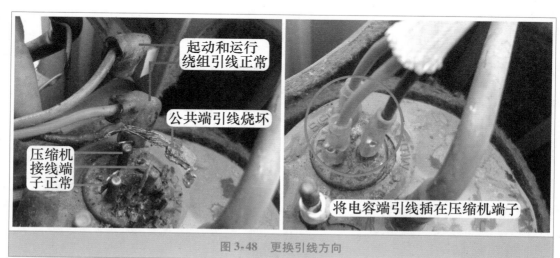

图 3-48　更换引线方向

见图3-49，另一侧引线中蓝线和红线依旧接电容，因黑线接线端子烧坏，将黑线烧坏的部分剪断，并剥开合适长度的绝缘层接在室外机1号接线端子（连接压缩机）下方，使其和来自室内机主板的压缩机引线直接相连，接线端子上方空闲不再使用。

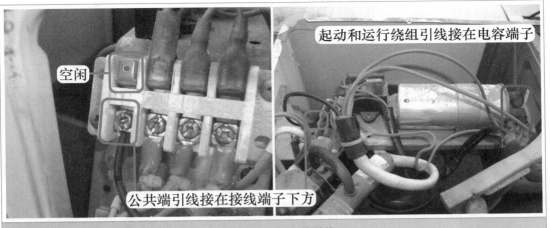

图 3-49　重新安装引线

## 四、　压缩机卡缸

➡ 故障说明：格力 KFR-72LW/E1（72d3L1）A-SN5 柜式空调器，用户反映不制冷，室外风机一转就停，一段时间后显示 E5 代码，代码含义为低电压过电流保护。

**1. 测量压缩机电流和代换压缩机电容**

到室外机检查，见图 3-50 左图，首先使用万用表交流电流档，用钳头夹住室外机接线端子上 N 端的引线，测量室外机电流，在通电压缩机起动时实测电流约 65A，说明压缩机起动不起来。在压缩机起动时测量接线端子处电压约交流 210V，说明供电电压正常，初步判断压缩机电容损坏。

见图 3-50 右图，使用同容量的新电容代换试机，故障依旧，N 端电流仍为约 65A，从而排除压缩机电容故障，初步判断为压缩机损坏。

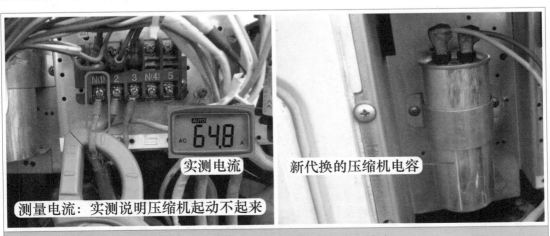

图 3-50　测量压缩机电流和代换压缩机电容

### 2. 测量压缩机线圈阻值

为判断压缩机为线圈短路损坏还是卡缸损坏，断开空调器电源，见图3-51，使用万用表电阻档，测量压缩机线圈阻值：实测红线公共端（C）与蓝线运行绕组（R）的阻值为1.1Ω，红线C与黄线起动绕组（S）阻值为2.3Ω，蓝线R与黄线S阻值为3.3Ω，根据3次测量结果判断压缩机线圈阻值正常。

C-R阻值　　C-S阻值

R-S阻值

测量压缩机引线阻值：实测说明正常

图3-51　测量压缩机引线阻值

### 3. 查看压缩机接线端子

压缩机的接线端子或连接线烧坏，也会引起起动不起来或无供电的故障，因此在确定压缩机损坏前应查看接线端子引线，见图3-52左图，本例查看接线端子和引线均良好。

松开室外机二通阀螺母，将制冷系统的氟R22全部放空，再次通电试机，压缩机仍起动不起来，依旧是3s后室内机停止压缩机和室外风机供电，从而排除系统脏堵故障。

见图3-52右图，拔下压缩机线圈的3根引线，并将接头包上绝缘胶布，再次通电开机，室外风机一直运行不再停机，但空调器不制冷，也不报E5代码，从而确定为压缩机卡缸损坏。

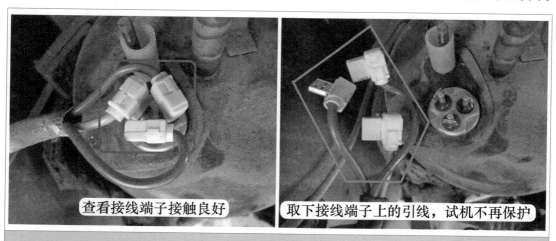

查看接线端子接触良好　　取下接线端子上的引线，试机不再保护

图3-52　查看压缩机接线端子

➡ 维修措施：见图 3-53，更换压缩机，型号为三菱 LH48VBGC。更换后通电开机，压缩机和室外风机运行，顶空加氟至约 0.45MPa 后制冷恢复正常，故障排除。

图 3-53　更换压缩机

总 结：

　　1）压缩机更换过程比较复杂，因此确定其损坏前应仔细检查是否由电源电压低、电容无容量、接线端子烧坏、系统加注的氟过多等原因引起，在全部排除后才能确定压缩机线圈短路或卡缸损坏。

　　2）新压缩机在运输过程中禁止倒立。压缩机出厂前内部充有气体，尽量在安装至室外机时再把吸气管和排气管的密封塞取下，可最大程度地防止润滑油流动。

五、 **压缩机线圈漏电**

➡ 故障说明：格力 KFR-23GW 挂式空调器，用户反映将电源插头插入电源，断路器立即跳闸。

**1. 测量电源插头 N 与地阻值**

　　上门检查，将空调器电源插头刚插入插座，见图 3-54，断路器便跳闸保护，为判断

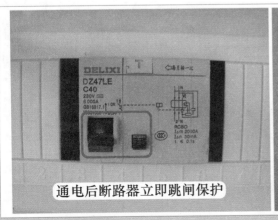
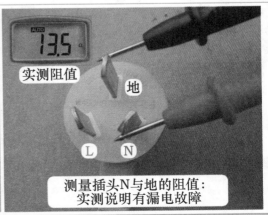

图 3-54　测量插头 N 与地阻值

是空调器还是断路器故障，使用万用表电阻档，测量电源插头 N 与地的阻值，正常应为无穷大，而实测阻值约为 10Ω，确定空调器存在漏电故障。

**2. 断开室外机接线端子连接线**

空调器常见漏电故障在室外机。为判断是室外机还是室内机故障，见图 3-55，在室外机接线端子处取下除地线外的 4 根连接线，使用万用表电阻档，1 表笔接接线端子上的 N 端、1 表笔接地端固定螺钉，实测阻值仍约为 10Ω，从而确定故障在室外机。

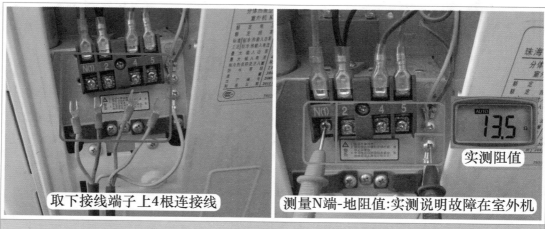

取下接线端子上4根连接线　　测量N端-地阻值:实测说明故障在室外机

图 3-55　测量室外机接线端子处 N 端与地阻值

**3. 测量压缩机引线对地阻值**

室外机常见漏电故障在压缩机。见图 3-56，拔下压缩机线圈的 3 根引线共 4 个插头（N 端蓝线与运行绕组蓝线并联），使用万用表电阻档测量公共端黑线与地的阻值（实接四通阀铜管），正常阻值应为无穷大，而实测阻值仍约为 10Ω，说明漏电故障由压缩机引起。

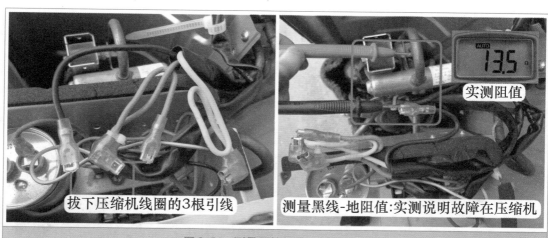

拔下压缩机线圈的3根引线　　测量黑线-地阻值:实测说明故障在压缩机

图 3-56　测量压缩机黑线与地阻值

**4. 测量压缩机接线端子与地阻值**

压缩机引线绝缘层熔化与地短路，也会引起通电跳闸故障。于是取下压缩机接线盖，查看压缩机引线正常，见图3-57，拔下压缩机接线端子上连接线的插头，使用万用表电阻档测量接线端子公共端（C）与地（实接压缩机排气管）的阻值，实测仍约为10Ω，从而确定压缩机内部线圈对地短路损坏。

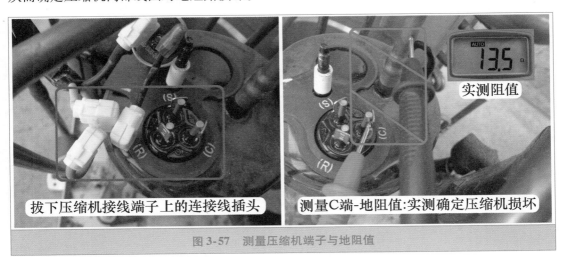

实测阻值

拔下压缩机接线端子上的连接线插头　　测量C端-地阻值:实测确定压缩机损坏

图3-57　测量压缩机端子与地阻值

➡ 维修措施：更换压缩机。

**无万用表时本例故障检修方法：**

如果上门检修时无万用表或万用表损坏无法使用，可使用排除法检修本例故障，见图3-58，简要步骤如下。

1）在室外机接线端子处断开4根连接线，并做好绝缘，再次通电试机，如果断路器不再跳闸，说明故障在室外机。

2）恢复室外机接线端子上的4根连接线，并取下电控盒内压缩机3根引线的4个插头，再次通电试机，如果断路器不再跳闸，说明故障在压缩机。

3）恢复电控盒内压缩机3根引线的4个插头，并取下压缩机接线端子上3根引线插头，再次通电试机，如果断路器不再跳闸，可确定压缩机损坏。

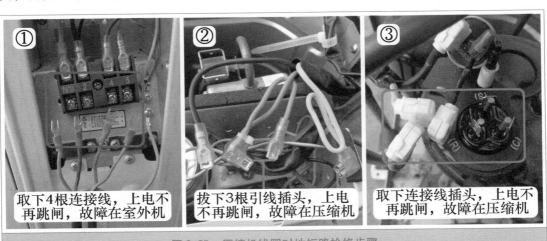

① 取下4根连接线，上电不再跳闸，故障在室外机

② 拔下3根引线插头，上电不再跳闸，故障在压缩机

③ 取下连接线插头，上电不再跳闸，故障在压缩机

图3-58　压缩机线圈对地短路检修步骤

| 总 结： |

　　1）空调器通电跳闸或开机后跳闸，如为漏电故障，通常为压缩机线圈对地短路引起。其他如室内外机连接线之间短路或绝缘层脱落、压缩机引线绝缘层熔化与地短路、断路器损坏等所占比例较小。

　　2）空调器开机后断路器跳闸故障，假如因电流过大引起，常见原因为压缩机卡缸或压缩机电容损坏。

　　3）测量压缩机线圈对地阻值时，室外机的铜管、铁壳均与地线直接相连，实测时可测量待测部位与铜管阻值。

# 第四章

# 单相供电柜式空调器故障

## 第一节　电路常见故障　

### 一、管温传感器阻值变大损坏

➡ **故障说明：** 美的 KFR-50LW/DY-GA（E5）柜式空调器，用户反映开机后刚开始制冷正常，但约 3min 后不再制冷，室内机吹自然风。

**1. 检查室外风机和测量压缩机电压**

上门检查，将遥控器设定制冷模式 16℃开机，空调器开始运行，室内机出风较凉。运行 3min 左右不制冷的常见原因为室外风机不运行、冷凝器温度升高、导致压缩机过载保护所致。

到室外机检查，见图 4-1 左图，将手放在出风口部位感觉室外风机运行正常，手摸冷凝器表面温度不高，下部接近常温，排除室外机通风系统引起的故障。

使用万用表交流电压档，见图 4-1 右图，测量压缩机和室外风机电压，在室外机运行时均为交流 220V，但约 3min 后电压均变为 0V，同时室外机停机，室内机吹自然风，说明不制冷故障由电控系统引起。

图 4-1　感觉室外机出风口和测量压缩机电压

**2. 测量传感器电路电压**

检查电控系统故障时应首先检查输入部分的传感器电路，使用万用表直流电压档，见图 4-2 左图，黑表笔接 7805 散热片铁壳地，红表笔接室内环温传感器 T1 的 2 根白线插头，测量电压，公共端为 5V，分压点为 2.4V，初步判断室内环温传感器正常。

见图 4-2 右图，黑表笔不动依旧接地，红表笔改接室内管温传感器 T2 的 2 根黑线插头，测量电压，公共端为 5V，分压点约为 0.4V，说明室内管温传感器电路出现故障。

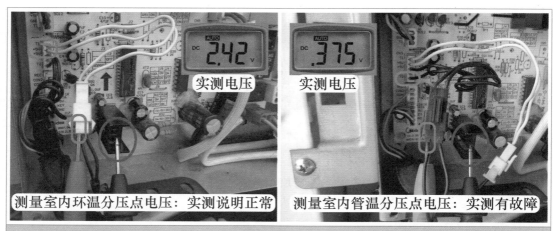

图 4-2　测量分压点电压

**3. 测量传感器阻值**

分压电路由传感器和主板的分压电阻组成，为判断故障部位，使用万用表电阻档，见图 4-3，拔下管温传感器插头，测量室内管温传感器阻值约为 $100k\Omega$，测量型号相同、温度接近的室内环温传感器阻值约为 $8.6k\Omega$，说明室内管温传感器阻值变大损坏。

➡ 说明：本机室内环温、室内管温、室外管温传感器型号均为 $25℃/10k\Omega$。

图 4-3　测量阻值

**4. 安装配件传感器**

由于暂时没有同型号的传感器更换，因此使用市售的维修配件代换，见图 4-4，选择

10kΩ 的铜头传感器，在安装时由于配件探头比原机传感器小，安装在蒸发器检测孔时感觉很松，即探头和管壁接触不紧固，解决方法是取下检测孔内的卡簧，并按压弯头部位使其弯曲面变大，这样配件探头可以紧贴在蒸发器检测孔。

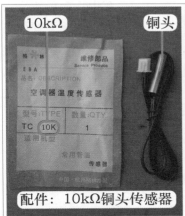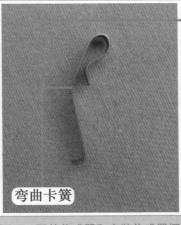

配件：10kΩ铜头传感器　弯曲卡簧　安装传感器探头

图 4-4　配件传感器和安装传感器探头

由于配件传感器引线较短，因此还需要使用原机的传感器引线，见图 4-5，方法是取下原机的传感器，将引线和配件传感器引线相连，使用防水胶布包扎接头，再将引线固定在蒸发器表面。

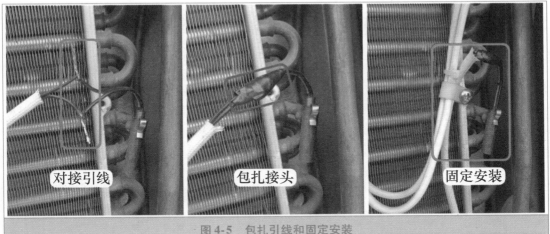

对接引线　包扎接头　固定安装

图 4-5　包扎引线和固定安装

➡ **维修措施**：更换管温传感器。更换后在待机状态测量室内管温传感器分压点电压约为直流 2.2V，和室内环温传感器接近。使用遥控器开机，室外风机和压缩机一直运行，空调器也一直制冷，故障排除。

┌ **总　结**：

　　由于室内管温传感器阻值变大，相当于蒸发器温度很低，室内机主板 CPU 检测后进入制冷防结冰保护，因而 3min 后停止室外风机和压缩机供电。

**本机查看传感器温度方法**

在维修本例机型时，如果需要检查传感器电路，可以使用本机的"试运行"功能来查看主板 CPU 检测的传感器温度值。

见图 4-6，寻找 1 个尖状物体（如牙签等），伸入试运行旁边的小孔中，向里按压内部按键，听到蜂鸣器响一声后，显示屏显示 T1 字符，即进入试运行功能，按压温度调整上键或下键可以循环转换 T1、T2、T3 故障代码等。

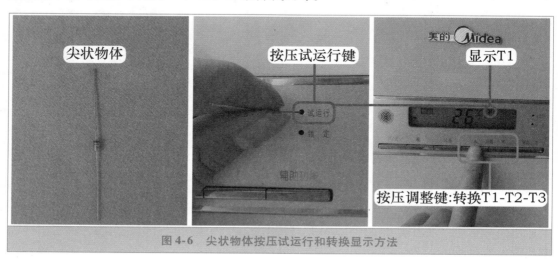

图 4-6　尖状物体按压试运行和转换显示方法

T1 为室内环温传感器检测的室内房间温度，T2 为室内管温传感器检测的蒸发器温度，T3 为室外管温传感器检测的冷凝器温度。在空调器运行在制冷模式时，见图 4-7，查看 T1 为 26℃，T2 为 7℃，T3 为 45℃。

利用试运行功能判断传感器是否损坏时，可在待机状态查看 3 个温度值，T1 和 T2 温度接近，为室内房间温度，T3 为室外温度；如果温度相差较大，则对应的传感器电路出现故障。例如检修本例故障，待机状态时查看 T1 为 25℃，T2 为 -14℃，T3 为 32℃，根据结果可知 T2 室内管温传感器电路出现故障。

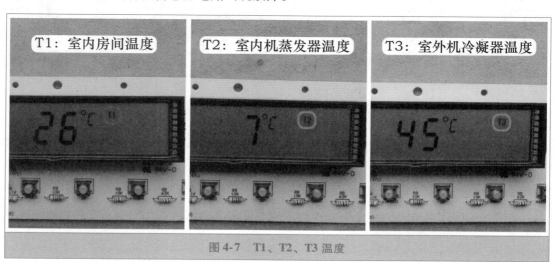

图 4-7　T1、T2、T3 温度

## 二、 按键内阻增大损坏

➡ **故障说明：** 美的 KFR-50LW/DY-GA（E5）柜式空调器，用户反映遥控器控制正常，但按键不灵敏，有时候不起作用需要使劲按压，有时候按压时功能控制混乱，见图 4-8，比如按压模式按键时，显示屏左右摆风图标开始闪动，实际上是辅助功能按键在起作用；又如按压风速按键时，显示屏显示锁定图标，再按压其他按键均不起作用，实际上是锁定按键在起作用。

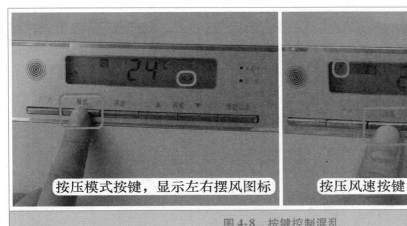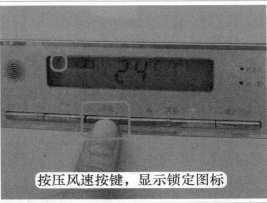

按压模式按键，显示左右摆风图标　　　　按压风速按键，显示锁定图标

图 4-8　按键控制混乱

### 1. 工作原理

功能按键设有 8 个，而 CPU 只有㉖脚 1 个引脚检测按键，基本工作原理为分压电路，电路原理图见图 4-9，本机上分压电阻为 R38，按键和串联电阻为下分压电阻，CPU㉖脚根据电压值判断按下按键的功能，从而对整机进行控制，按键状态与 CPU 引脚电压对应关系见表 4-1。

比如㉖脚电压为 2.5V 时，CPU 通过计算，得出温度"上调"键被按压一次，控制显示屏的设定温度上升 1℃，同时与室内环温传感器温度相比较，控制室外机负载的工作与停止。

表 4-1　按键状态与 CPU 引脚电压对应关系

| 名称 | 开/关 | 模式 | 风速 | 上调 | 下调 | 辅助功能 | 锁定 | 试运行 |
|---|---|---|---|---|---|---|---|---|
| 英文 | SWITCH | MODE | SPEED | UP | DOWN | ASSISTANT | LOCK | TEST |
| CPU 电压 | 0V | 3.96V | 1.7V | 2.5V | 3V | 4.3V | 2V | 3.6V |

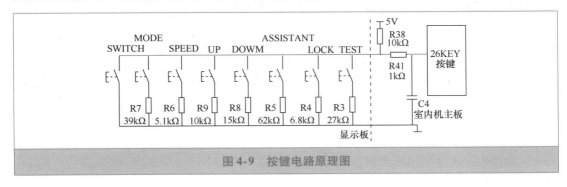

图 4-9　按键电路原理图

### 2. 测量 KEY 电压和按键阻值

使用万用表直流电压档，见图 4-10 左图，黑表笔接 7805 散热片铁壳地，红表笔接主板上显示板插座中 KEY（按键）对应的白线，测量电压，在未按压按键时约为 5V，按压风速按键时电压在 1.7 ~ 2.2V 间上下跳动变化，同时显示板显示锁定图标，说明 CPU 根据电压判断为锁定按键被按下，确定按键电路出现故障。

按键电路常见故障为按键损坏。断开空调器电源，使用万用表电阻档，见图 4-10 右图，测量按键阻值，在未按压按键时，阻值为无穷大，而在按压按键时，正常阻值为 0Ω，而实测阻值在 100 ~ 600kΩ 上下变化，且使劲按压按键时阻值会明显下降，说明按键内部触点有锈斑，当按压按键时触点不能正常导通，锈斑产生阻值和下分压电阻串联，与上分压电阻 R38 进行分压，由于阻值增加，分压点电压上升，CPU 根据电压判断为其他按键被按下，因此按键控制功能混乱。

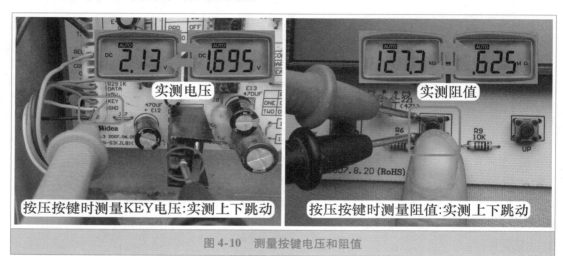

图 4-10 测量按键电压和阻值

➡ 维修措施：按键内阻变大一般由湿度大引起，而按键电路的 8 个按键处于相同环境下，因此应将按键全部取下，见图 4-11，更换 8 个相同型号的按键。

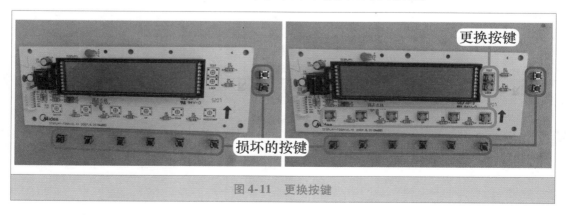

图 4-11 更换按键

更换后使用万用表电阻档测量按键阻值，见图 4-12 左图，未按压按键时阻值为无穷大，轻轻按压按键时阻值由无穷大变为 0Ω。

再将空调器接通电源，使用万用表直流电压档，见图 4-12 右图，测量主板去显示板插座 KEY 按键白线电压，未按压按键时为 5V，按压风速按键时电压稳压约为 1.7V，不再上下跳动变化，蜂鸣器响一声后，显示屏风速图标变化，同时室内风机转速也随之变化，说明按键控制正常，故障排除。

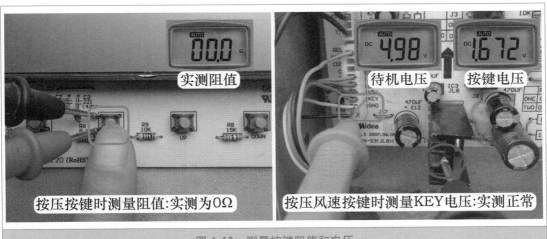

图 4-12　测量按键阻值和电压

### 三、早期空调器按键内阻增大时的故障现象

三菱电机 MFH-72ZVH（KFR-72LW/D）柜式空调器，见图 4-13 左图，用户反映遥控器控制正常，但按压开关按键室内机无反应，使用遥控器开机后，再按压其他按键如模式、风速键等可控制并做相应转换，由于使用遥控器控制正常，说明电控系统基本正常，故障在按键电路。

取下显示板后，见图 4-13 右图，查看显示板由按键、指示灯、数码管和接收器等组成，使用 1 个大插头多根连接线连接至主板。

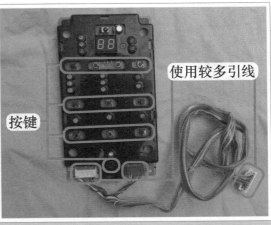

图 4-13　按键不能开机和显示板引线

此机按键开关采用矩阵式电路，电路原理图见图4-14，当某个按键按下时，CPU（D101）的2个引脚接通（如按下S303时㊶脚与㉝脚接通），CPU内部电路识别按键信息，输出信号控制相关电路，使空调器按用户意愿工作。

根据工作原理可知，早期空调器按键使用矩阵式电路，特点是CPU使用多个引脚、通过多根引线连接按键，并且某个按键损坏时只是相对应功能不起作用，其他按键可正常工作，不会引起控制混乱。

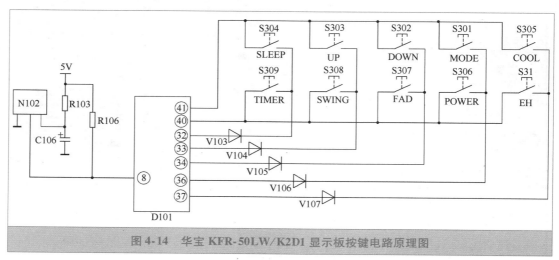

图4-14　华宝KFR-50LW/K2D1显示板按键电路原理图

使用万用表电阻档测量开关按键阻值，未按压按键时阻值为无穷大，按压按键时阻值仍为无穷大，说明按键开路损坏。例如本机故障，维修时更换1个开关按键即可，但考虑到按键电路处于同一环境，其他按键的寿命也接近老化，见图4-15，在实际维修时将按键全部取下，并全部更换成新的同型号按键。更换后通电试机，轻轻按压开关按键，空调器按自动模式运行，按压其他按键也均能正常控制，说明故障排除。

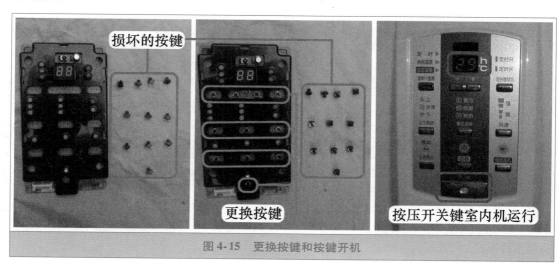

图4-15　更换按键和按键开机

## 四、　继电器触点损坏

➡ 故障说明：海信 KFR-50LW/A 柜式空调器，用户反映室内风机低风不能运行，中风和高风运行正常。

### 1. 将主板带回维修

上门检查，按压开关按键制冷模式开机，压缩机和室外风机运行，室内风机在高风或中风运行时转速正常，同时制冷也正常，但转换到低风运行时，室内风机停止运行，同时可看到蒸发器慢慢结霜，说明压缩机和室外风机在运行，但由于蒸发器冷量不能及时吹出导致结霜，说明故障在室内机主板或室内风机。

取下电控盒盖板，使用万用表交流电压档，在显示屏显示低风运行时，测量室内风机低风抽头供电约为交流 0V，说明故障在室内机主板，低风运行时不能为室内风机提供电压，需要更换主板，但由于机型太老，同型号主板厂家不再提供，与用户商定后决定将主板带回维修，见图 4-16，带回维修时需要拆回原机主板、显示板（可控制室内机主板）、变压器（为主板供电）和 3 个传感器（防止检修时出现故障代码，可取下室内环温传感器，室内管温和室外管温传感器使用配件代替），再使用插头为主板提供电源。

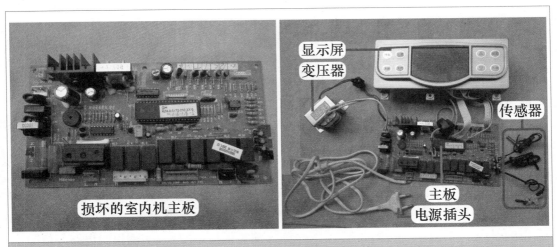

图 4-16　损坏的主板和带回的配件

### 2. 测量室内风机电压

将电源插头插入插座，显示板和主板处于待机状态，使用按键开机，选择制冷模式，按压"风速"按键转换风速至高风，见图 4-17，能听到继电器触点闭合的声音，使用万用表交流电压档，黑表笔接室内风机插座上标识 N 对应引针，红表笔接 H（高风）对应引针，测量室内风机高风电压，实测约为交流 220V，说明高风对应继电器电路正常。

按压"风速"按键，转换风速至中风运行，此时仍能听到继电器触点声音，见图 4-18左图，黑表笔接 N 端引针不动，红表笔改接 M（中风）对应引针，测量中风电压，实测约为交流 220V，说明中风对应继电器电路正常。

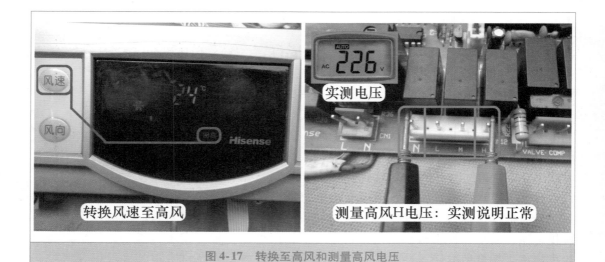

图 4-17　转换至高风和测量高风电压

　　按压"风速"按键，转换风速至低风运行，此时能听到继电器触点声音，见图 4-18 右图，黑表笔接 N 端引针不动，红表笔改接 L（低风）对应引针，测量低风电压，实测约为交流 0V，说明低风对应继电器电路损坏，故障可能为继电器线圈开路或触点锈蚀、反相驱动器 2003 不能反相输出、CPU 低风引脚未输出高电平 5V 电压。

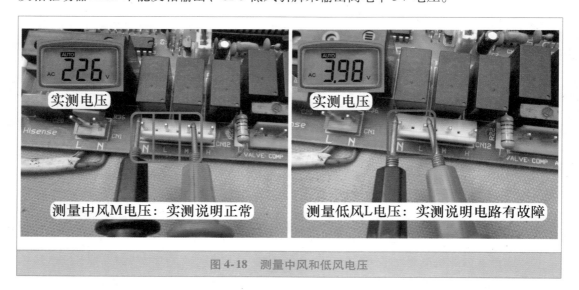

图 4-18　测量中风和低风电压

### 3. 测量继电器线圈电压

　　将主板翻到反面，查看到继电器共有 4 个引脚，强电和弱电各 2 个，强电触点中 1 个接电源相线 L，1 个接室内风机低风抽头 L；弱电线圈中 1 个接直流 12V，1 个接反相驱动器输出端。

　　使用万用表直流电压档测量继电器线圈 2 端电压，见图 4-19 左图，红表笔接直流 12V，黑表笔接驱动，实测为直流 15.5V，说明 CPU 已输出电压且反相驱动器已反相驱动并加至继电器线圈引脚，但其触点未闭合，判断继电器损坏。

　　为准确判断反相驱动器输出端是否输出低电平电压，见图4-19右图，将黑表笔接主板标有GND引针即地脚，红表笔接线圈驱动引脚测量电压，实测约为0.7V，也说明反相驱动器已输出低电平，故障在继电器。

➡ 说明：本机未使用7812稳压块，因此测量继电器线圈电压为直流15.5V，如使用7812稳压块，线圈电压为直流11.2V。

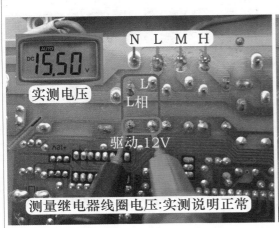
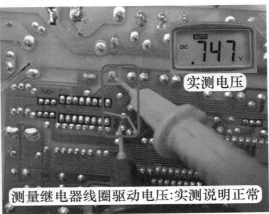

图4-19　测量线圈电压和驱动电压

### 4. 测量继电器线圈阻值

　　为判断继电器是线圈开路损坏还是触点锈蚀损坏，断开主板电源，使用万用表电阻档，见图4-20，红、黑表笔接继电器线圈引脚，实测阻值为361Ω，说明继电器线圈正常，为触点锈蚀损坏，继电器的主要参数是线圈供电为直流12V，触点电流为5A，找到同型号继电器准备更换。

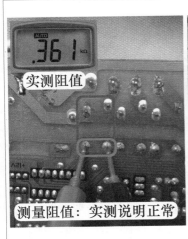
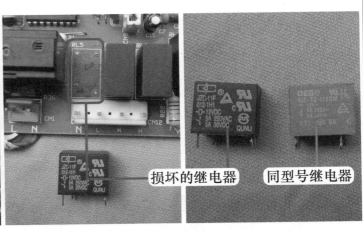

图4-20　测量阻值和继电器损坏

➡ 维修措施：见图 4-21，更换同型号继电器。更换后按压按键再次制冷开机，并将风速转换至低风，使用万用表交流电压档，测量室内风机插座 N 和 L 引针电压约为交流 220V，说明低风抽头电压已恢复正常，将主板、显示板、传感器和变压器等安装至室内机试机，室内风机低风运行正常，故障排除。

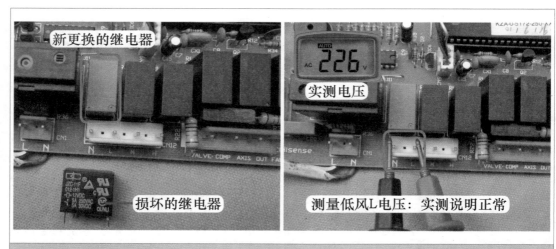

图 4-21　更换继电器和测量低风电压

# 第二节　室内风机和室外机故障

## 一、室内风机电容容量变小

➡ 故障说明：格力 KFR-70LW/E1 柜式空调器，使用约 8 年，现用户反映制冷效果差，运行一段时间以后显示 E2 代码，查看代码含义为蒸发器防冻结保护。

**1. 查看三通阀**

上门检查，空调器正在使用。到室外机检查，见图 4-22 左图，三通阀严重结霜；取下室外机外壳，发现三通阀至压缩机吸气管全部结霜（包括储液瓶），判断蒸发器温度过低，应到室内机检查。

**2. 查看室内风机运行状态**

到室内机检查，将手放在出风口，感觉出风温度很低，但风量很小，且吹不远，只在出风口附近能感觉到有风吹出。取下室内机进风格栅，观察过滤网干净，无脏堵现象，用户介绍，过滤网每年清洗，排除过滤网脏堵故障。

室内机出风量小在过滤网干净的前提下，通常为室内风机转速慢或蒸发器背部脏堵，见图 4-22 右图，目测室内风机转速较慢，按压显示板上"风速"按键，在高风-中风-低风转换时，室内风机转速变化也不明显（应仔细观察由低风转为高风的瞬间转速），判断故障为室内风机转速慢。

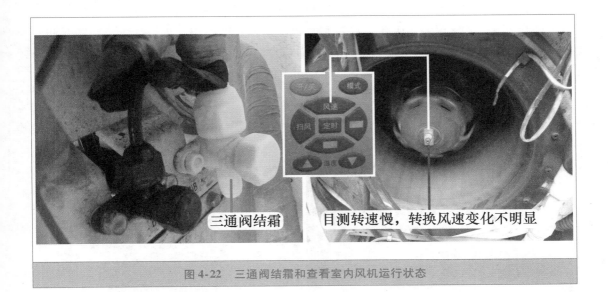

图 4-22 三通阀结霜和查看室内风机运行状态

**3. 测量室内风机公共端红线电流**

室内风机转速慢常见原因有电容容量变小或线圈短路，为区分故障，使用万用表交流电流档，见图 4-23，用钳头夹住室内风机红线 N 端（即公共端）测量电流，实测低风档 0.5A、中风档 0.53A、高风档 0.57A，接近正常电流值，排除线圈短路故障。

➡ 注：室内风机型号 LN40D（YDK40-6D），功率为 40W，电流为 0.65A，6 极电机，配用 4.5μF 电容。

图 4-23 测量室内风机电流

**4. 代换室内风机电容和测量容量**

室内风机转速慢时，而运行电流接近正常值，通常为电容容量变小损坏，本机使用

4.5μF 电容，见图 4-24 左图，使用 1 个相同容量的电容代换，代换后通电开机，目测室内风机的转速明显变快，用手在出风口感觉风量很大，吹风距离也增加很多，长时间开机运行不再显示 E2 代码，手摸室外机三通阀温度较低，但不再结霜改为结露，确定室内风机电容损坏。

见图 4-24 右图，使用万用表电容档测量拆下来的电容，标注容量为 4.5μF，而实测容量约为 0.6μF，说明容量变小。

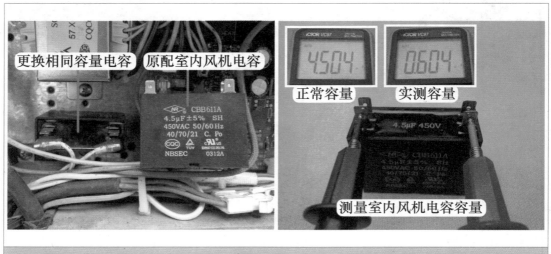

图 4-24　代换风机电容和测量电容容量

➡ 维修措施：更换室内风机电容。

> **总 结：**
>
> 室内风机电容容量变小，室内风机转速变慢，出风量变小，蒸发器表面冷量不能及时吹出，蒸发器温度越来越低，引起室外机三通阀和储液瓶结霜；显示板 CPU 检测到蒸发器温度过低，停机并报出 E2 代码，以防止压缩机液击损坏。

## 二、　风机电容代换方法

➡ 故障说明：海尔 KFR-120LW/L（新外观）柜式空调器，用户反映制冷效果差。

**1. 查看风机电容**

上门检查，用户正在使用空调器，室外机三通阀处结霜较为严重，测量系统运行压力约为 0.4MPa，到室内机查看，室内机出风口为喷雾状，用手感觉出风很凉，但风量较弱；取下室内机进风格栅，查看过滤网干净。

检查室内风机转速时，目测风速较慢，使用遥控器转换风速时，室内风机驱动室内风扇（离心风扇）转换不明显，同时在出风口感觉风量变化不大，说明室内风机转速慢；使用万用表电流档测量室内风机电流约为 1A，排除线圈短路故障，初步判断风机电容容量变小，见图 4-25，查看本机使用的电容容量为 8μF。

图 4-25　原机电容

## 2. 使用 2 个 4μF 电容代换

由于暂时没有同型号的电容更换试机，决定使用 2 个 4μF 电容并联代换，断开空调器电源，见图 4-26，取下原机电容后，将配件电容 1 个使用螺钉固定在原机电容位置（实际安装在下面），另 1 个固定在变压器下端的螺钉孔（实际安装在上面），将室内风机电容插头插在上面的电容端子，再将 2 根引线在合适位置分别剥开绝缘层并露出铜线，使用烙铁焊在下面电容的 2 个端子，即将 2 个电容并联使用。

焊接完成后通电试机，室内风机转速明显变快，在出风口感觉风量较大，并且吹风距离较远，说明原机电容容量减小损坏，引起室内风机转速变慢故障。

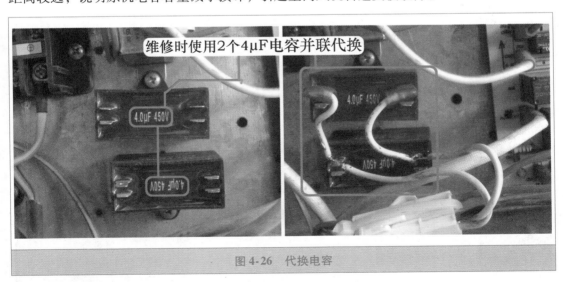

图 4-26　代换电容

➡ **维修措施：** 使用 2 个 4μF 电容并联代换 1 个原机 8μF 电容。

**三、** 室内风机线圈短路

➡ **故障说明：** 美的 KFR-50LW/DY-GA（E5）柜式空调器，用户反映前一段时间室内机有烟味和焦味，但能制冷，又使用一段时间后空调器通电无反应，使用遥控器和按键均不能开启空调器。

**1. 测量供电和变压器一次绕组插座电压**

使用万用表交流电压档，见图4-27左图，测量室内机电控盒接线端子上 L- N 即空调器输入电压，实测为交流220V，说明电源供电正常。

依旧使用万用表交流电压档，见图4-27右图，测量变压器一次绕组插座电压，实测电压约为交流0V，说明前级供电出现开路故障。

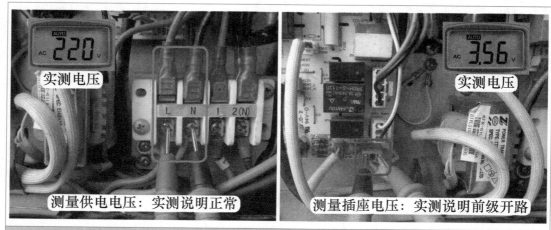

图4-27 测量供电电压和变压器一次绕组插座电压

**2. 测量熔丝管和变压器一次绕组阻值**

变压器一次绕组前级供电主要有熔丝管，断开空调器电源，见图4-28左图和中图，使用万用表电阻档，测量熔丝管阻值，实测为无穷大，说明开路损坏；使用万用表表笔尖拨开表面套管，查看内部熔丝已爆裂，说明负载有短路故障。熔丝管负载主要有变压器、离心电机、室外风机和四通阀线圈等。

见图4-28右图，拔下变压器一次绕组插头，使用万用表电阻档测量阻值，实测结果为357Ω，说明正常，排除短路故障。

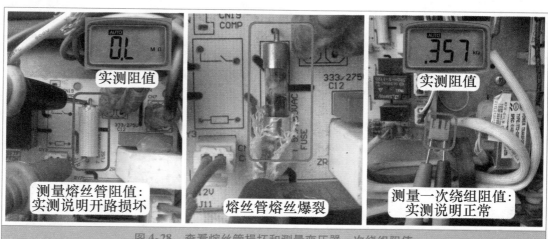

图4-28 查看熔丝管损坏和测量变压器一次绕组阻值

**3. 测量室外风机和四通阀线圈与 N 阻值**

见图 4-29 左图，将红表笔接室内机主板黑线即接零线 N，黑表笔接室外风机端子白线测量阻值，实测结果为 103Ω，说明室外风机线圈基本正常，排除短路故障。

红表笔接零线 N 不动，见图 4-29 右图，黑表笔接四通阀线圈端子蓝线测量阻值，实测结果为 1.3kΩ，说明四通阀线圈正常，排除短路故障。

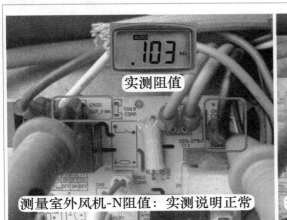
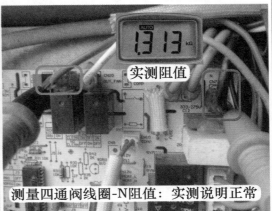

图 4-29　测量室外风机和四通阀线圈与 N 阻值

**4. 测量离心电机线圈阻值**

见图 4-30，依旧使用万用表电阻档测量室内风机（离心电机）公共端 N 黑线和高风抽头灰线阻值，实测约为 10Ω；测量黑线和低风抽头红线阻值，实测约为 40Ω，而正常阻值应均为 200Ω，根据用户反应故障前室内机有煳味，判断离心电机线圈出现短路故障。

为准确判断，拔下离心电机插头，单独测量黑线和灰线阻值，实测仍约为 10Ω，确定离心电机线圈出现短路故障。

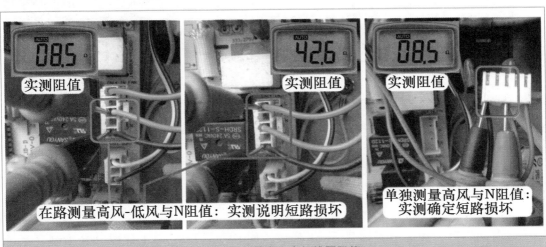

图 4-30　测量离心电机线圈阻值

**5. 更换熔丝管通电试机**

见图4-31，取下损坏的熔丝管，并更换为同型号5A的熔丝管，恢复主板引线，但断开离心电机插头不再安装，通电试机，遥控器开机后室外机开始运行，手摸连接管道开始制冷，说明空调器基本正常，只有离心电机损坏。

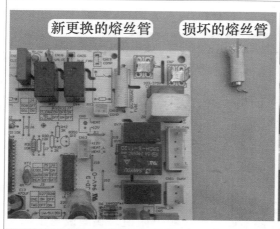

新更换的熔丝管　损坏的熔丝管

断开离心电机插头，上电试机正常

图4-31　更换熔丝管和断开离心电机插头试机

➡ 维修措施：更换离心电机，更换后通电开机，制冷恢复正常。打开损坏的离心电机外壳，查看定子上的线圈时，见图4-32，发现运行绕组中的线圈已经烧毁发黑，可看出线圈绝缘纸已烧焦，也确定离心电机线圈短路损坏。

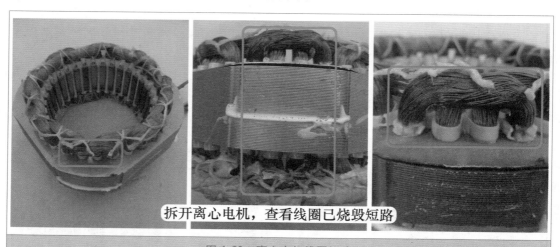

拆开离心电机，查看线圈已烧毁短路

图4-32　离心电机线圈短路

---

**四、　加长连接线接头烧断**

➡ 故障说明：格力 KFR-72LW/NhBa-3 柜式空调器，用户反映刚安装时制冷正常，使用一段时间以后，接通电源即显示 E1 代码，同时不能开机，E1 代码含义为制冷系统高压保护。

**1. 测量高压保护黄线电压**

为区分故障范围，在室内机接线端子处使用万用表交流电压档，见图 4-33 左图，红表笔接 L 端子相线，黑表笔接方形对接插头中的高压保护黄线，测量电压，正常为交流 220V，实测为交流 0V，说明室内机正常，故障在室外机。

断开空调器电源，使用万用表电阻档，见图 4-33 右图，测量 L 端相线和黄线阻值，由于 3P 单相柜机中室外机只有高压压力开关，测量阻值应为 0Ω，而实测阻值为无穷大，也说明故障在室外机。

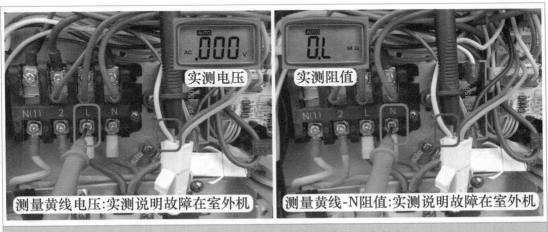

图 4-33　测量室内机黄线电压和黄线-N 阻值

**2. 测量室外机黄线电压和阻值**

到室外机检查，在接线端子处使用万用表电阻档，见图 4-34 左图，红表笔接零线 N（1）端子，黑表笔接方形对接插头中的高压保护黄线，测量阻值，实测阻值为 0Ω，说明高压压力开关正常。

再将空调器接通电源，使用万用表交流电压档，见图 4-34 右图，红表笔改接 2 号端子相线，黑表笔接黄线，实测电压仍为 0V，根据结果也说明故障在室外机。

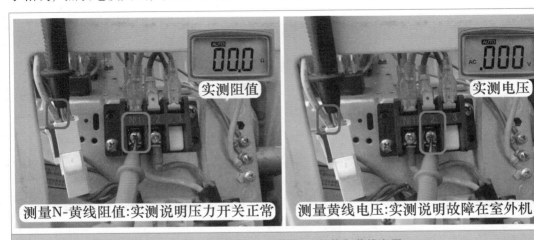

图 4-34　测量室外机黄线-N 阻值和黄线电压

**3. 测量室外机和室内机接线端子电压**

由于室外机只设有高压压力开关且测量阻值正常，而输出电压（黄线-2 相线）为交流 0V，应测量压力开关输入电压即接线端子上的 N（1）零线和 2 相线，使用万用表交流电压档，见图 4-35 左图，实测电压为 0V，说明室外机没有电源电压输入。

室外机 N（1）和 2 端子由连接线与室内机 N（1）和 2 端子相连，见图 4-35 右图，测量室内机 N（1）和 2 端子电压，实测为交流 221V，说明室内机已输出电压，应检查电源连接线。

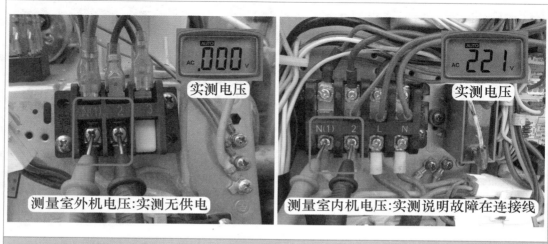

图 4-35　测量室外机和室内机接线端子电压

**4. 检查加长连接线接头**

本机室内机和室外机距离较远，加长约 3m 管道，同时也加长了连接线，检查加长连接线接头时，发现连接管道有烧黑的痕迹，见图 4-36 左图，判断加长连接线接头烧断。

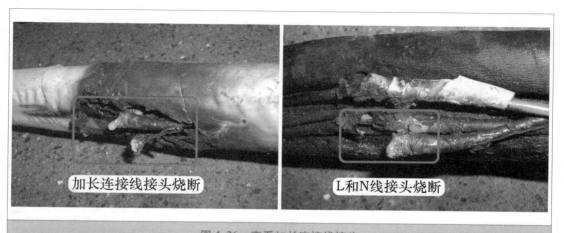

图 4-36　查看加长连接线接头

见图 4-36 右图，断开空调器电源，剥开包扎带，发现 3 芯连接线中 L 和 N 线接头烧断，地线正常。

**5. 连接加长线接头**

见图 4-37，剪掉烧断的接头，将 3 根引线 L、N、地的接头分段连接，尤其是 L 和 N 的接头更要分开，并使用防水胶布包好，再次通电试机，开机后室内机和室外机均开始运行，不再显示 E1 代码，制冷恢复正常。

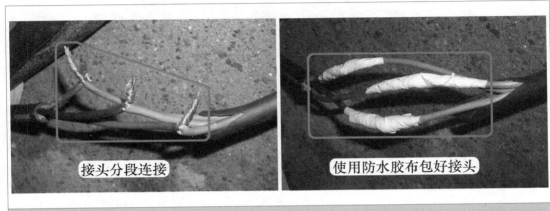

接头分段连接　　　　　　使用防水胶布包好接头

图 4-37 分段连接和包扎接头

➡ **维修措施：** 重接分段连接加长线中电源线 L、N、地接头。

**总结：**

由于单相 3P 柜式空调器运行电流较大，约为 12A，接头发热量较大，而原机 L、N、地接头处于同一位置，空调器运行一段时间后，L 和 N 接头的绝缘烧坏，L 线和 N 线短路，造成接头处烧断，而高压保护电路 OVC 黄线由室外机 N 端供电，所以高压保护电路中断，从而引发本例故障。

**五、交流接触器触点炭化**

➡ **故障说明：** 格力 KFR-72LW/(72566) Aa-3 悦风系列柜式空调器，用户反映刚购机约 1 年，现在开机后不制冷，室内机吹自然风。

**1. 测量压缩机电流和主板电压**

上门检查，重新通电开机，在室内机出风口感觉为自然风。取下室内机电控盒盖板，使用万用表交流电流档，见图 4-38 左图，用钳头夹住穿入电流互感器的压缩机引线，实测电流约为 0A，说明压缩机未运行。

将万用表档位改为交流电压档，见图 4-38 右图，黑表笔接室内机主板的 N 端子，红表笔接压缩机 COMP 端子黑线，实测电压为交流 220V，说明室内机主板已输出供电，故障在室外机。

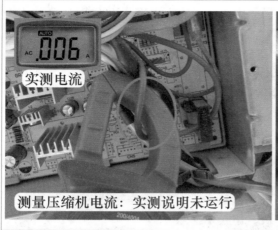
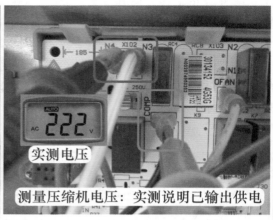

图 4-38 测量压缩机电流和端子电压

2. 测量交流接触器输出端和输入端电压

到室外机检查，发现室外风机运行，但听不到压缩机运行的声音。使用万用表交流电压档，见图 4-39 左图，黑表笔接交流接触器线圈的 N 端（蓝线），红表笔接交流接触器输出端的压缩机公共端红线，测量电压，实测为交流 0V，说明交流接触器触点未导通。

见图 4-39 右图，接 N 端的黑表笔不动，红表笔接交流接触器输入端的供电棕线，实测电压为交流 220V，说明室外机接线端子上的供电电压正常。

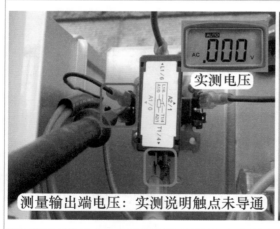
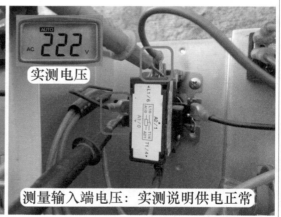

图 4-39 测量交流接触器输出端和输入端电压

3. 测量交流接触器线圈电压和阻值

见图 4-40 左图，接 N 端的黑表笔不动，红表笔接交流接触器线圈的另 1 端子（压缩机黑线），测量线圈电压，实测为交流 220V，说明室内机主板输出的电压已送至交流接触器线圈，故障为交流接触器损坏。

断开空调器电源，见图 4-40 右图，拔下交流接触器线圈的 1 个端子引线，使用万用表电阻档测量线圈阻值，实测阻值约为 1.1kΩ，说明线圈阻值正常，故障为触点损坏。

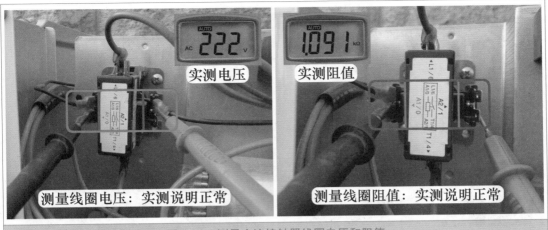

实测电压

实测阻值

测量线圈电压：实测说明正常

测量线圈阻值：实测说明正常

图4-40　测量交流接触器线圈电压和阻值

#### 4. 查看交流接触器触点

从室外机上取下交流接触器，再取下交流接触器顶盖后，见图4-41左图和中图，查看动触点整体发黑，取下2个静触点和1个动触点，发现触点均已经炭化，在交流接触器线圈供电后，动触点与静触点接触后阻值依然为无穷大，交流220V电压L端棕线不能送至压缩机公共端红线，造成压缩机不运行、空调器不制冷的故障。

正常的动触点和静触点见图4-41右图。

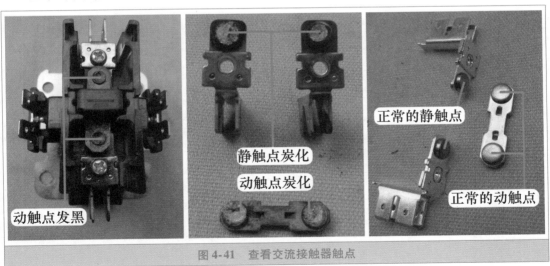

动触点发黑

静触点炭化

动触点炭化

正常的静触点

正常的动触点

图4-41　查看交流接触器触点

➡ 维修措施：见图4-42左图，更换同型号的交流接触器，更换后通电开机，压缩机和室外风机均开始运行，空调器开始制冷，故障排除。

**总结：**

本例空调器使用在一个公共场所，开机时间较长，而交流接触器触点又为单极（1路）设计，触点通过的电流较大，时间长了以后因发热而引起炭化，触点不能导通，出现如本例故障。而早期空调器使用双极（触点2路并联）型式的交流接触器，见图4-42右图，则相同故障的概率比较小。

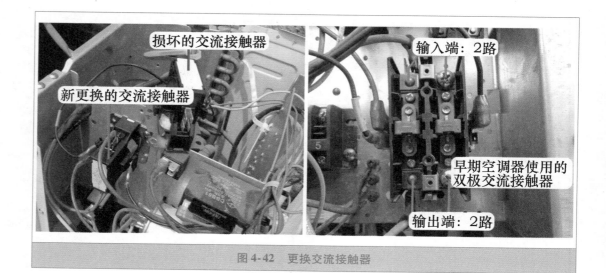

图 4-42　更换交流接触器

# 第五章

## 三相供电柜式空调器故障

第一节　常见故障

一、　压缩机顶部温度开关损坏

➡ 故障说明：麦克维尔 MCK050AR（KFR-120QW）吸顶式空调器，用户反映通电后无反应，使用遥控器不能开机和关机。

1. 测量室内机接线端子电压

上门检查，将空调器通电试机，室内机未发出蜂鸣器响声，按压遥控器开关按键，室内机没有反应，说明空调器有故障。取下过滤网和电控盒盖板，查看室内机接线端子，此机共设有 7 个端子和室外机连接，其中 L、N、A、地共 4 个端子由室外机提供，向室内机供电，这里需要说明的是，N 端子只向室内风机提供电源，而不向室内机主板提供零线，A 端子连接室内机主板提供零线，和 L 端子组合为交流 220V，为电控系统供电；COMP（压缩机）、OF（室外风机）、4V（四通阀线圈）共 3 个端子由室内机主板提供，控制室外机负载。

使用万用表交流电压档，见图 5-1 左图，测量 L-A 端子电压约为交流 0V，说明室外机电控系统未向室内机供电，测量 L-N 端子电压约为交流 220V，说明相线 L 正常，故障在 A 端子连接的保护电路。图 5-1 右图为室外机电气接线图。

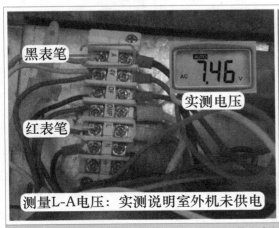

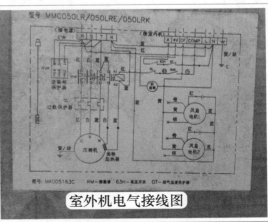

图 5-1　测量室内机电压和电气接线图

### 2. 测量室外机 L-N 和 L-A 电压

到室外机检查，使用万用表交流电压档，见图 5-2 左图，红表笔接室外机接线端子 L 端子，黑表笔接 N 端子，测量电压，实测为交流 220V，和室内机相同。

见图 5-2 右图，红表笔依旧接 L 端子，黑表笔接 A 端子，测量电压，实测约为交流 0V，也确定故障在室外机，排除室内外机连接线故障。

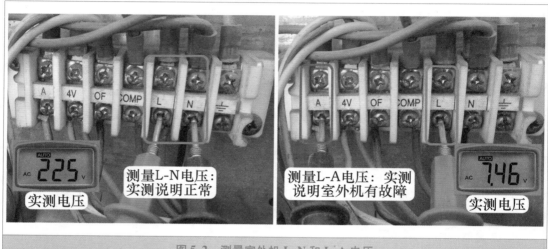

测量L-N电压：实测说明正常

测量L-A电压：实测说明室外机有故障

实测电压

实测电压

图 5-2　测量室外机 L-N 和 L-A 电压

### 3. 测量 N-A 端子阻值

查看室外机电气接线图可知，见图 5-3，A 端子零线由 N 端子经压缩机顶部温度开关和排气管压力开关触点提供，断开空调器电源，使用万用表电阻档，测量 N-A 端子阻值，实测结果为无穷大，说明温度开关或压力开关有开路故障。

顶部温度开关

排气管压力开关

测量N-A阻值：实测说明有故障

实测阻值

图 5-3　保护器件和测量 N-A 端子阻值

### 4. 测量温度开关和压力开关阻值

使用万用表电阻档，见图 5-4 左图，测量压缩机顶部温度开关的 2 根黄线阻值，正常阻值为0Ω，实测阻值为无穷大，说明开路损坏。

见图5-4右图，测量压缩机排气管压力开关的棕线和蓝线阻值，正常阻值为0Ω，实测说明正常。

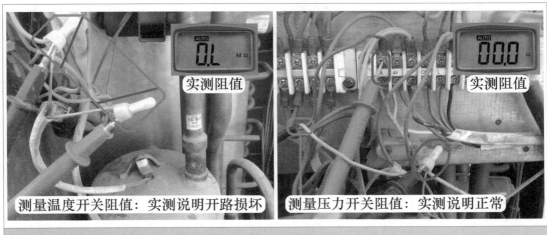

图5-4 测量温度开关和压力开关阻值

5. 单独测量温度开关阻值

剪断引线后从压缩机顶部取下温度开关，使用万用表电阻档，见图5-5，再次测量2根黄线阻值，实测结果仍为无穷大，确定温度开关损坏；仔细查看温度开关，发现一侧表面有穿孔现象，也说明内部触点损坏。

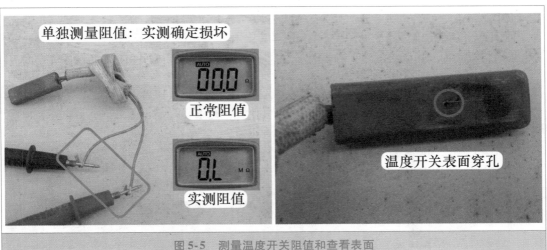

图5-5 测量温度开关阻值和查看表面

➡ 维修措施：见图5-6左图和中图，更换温度开关。更换时应将温度开关安装在顶部卡簧下面，使表面紧贴压缩机顶部且不能移动，再使用胶布包扎接头。使用万用表电阻档，测量室外机接线端子N-A阻值时，实测为0Ω，说明已经导通；再次通电试机，见图5-6右图，使用万用表交流电压档，测量L-A端子电压约为交流220V，说明室外机已正常，到室内机检查，使用遥控器开机，室内风机开始运行，制冷正常，故障排除。

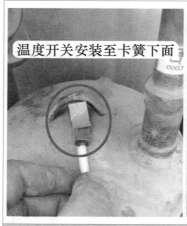

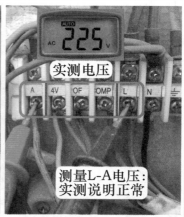

图5-6　更换温度开关和测量 L-A 电压

## 二、　格力空调器显示板损坏

➡ 故障说明：格力 KFR-120LW／E（1253L）V-SN5 柜式空调器，用户反映开机后不制冷，室内机吹自然风。

**1. 查看和测量压缩机电压**

上门检查，重新通电开机，室内机吹自然风。到室外机检查，发现室外风机运行，但听不到压缩机运行的声音，手摸室外机二通阀和三通阀均为常温，判断压缩机未运行。

取下室外机前盖，见图5-7左图，查看交流接触器的强制按钮未吸合，说明线圈控制电路有故障。

使用万用表交流电压档，见图5-7右图，黑表笔接室外机接线端子上的零线 N 端，红表笔接方形对接插头中的压缩机黑线，测量电压，实测为交流0V，说明室外机正常，故障在室内机。

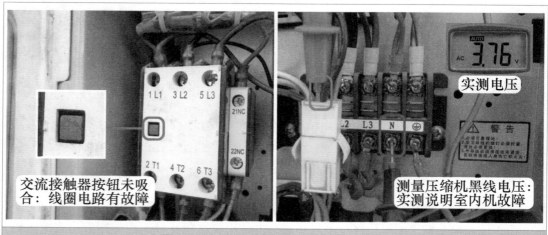

图5-7　查看交流接触器和测量压缩机电压

**2. 测量室内机主板压缩机端子和引线电压**

到室内机检查，使用万用表交流电压档，见图5-8左图，黑表笔接室内机主板零线 N

端子，红表笔接 COMP 端子压缩机黑线，正常电压为交流 220V，而实测为 0V，说明室内机主板未输出电压，故障在室内机主板或显示板。

为区分故障，使用万用表直流电压档，见图 5-8 右图，黑表笔接室内机主板和显示板连接线插座的 GND 引线，红表笔接 COMP 引线，实测电压为直流 0V，说明显示板未输出高电平电压，判断为显示板损坏。

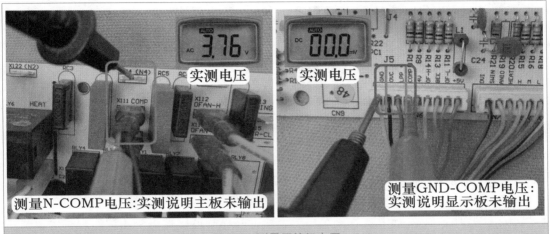

图 5-8 测量压缩机电压

➡ 维修措施：更换显示板。更换后通电试机，按压"开/关"按键，室内机和室外机均开始运行，制冷恢复正常，故障排除。

总 结：

在室内机主板上，压缩机、四通阀线圈、室外风机、同步电机和室内风机继电器驱动的单元电路工作原理完全相同，均为显示板 CPU 输出高电平，经连接线送至室内机主板，经限流电阻限流，送至 2003 反相驱动器的输入端，2003 反相放大在输出端输出，驱动继电器触点闭合，继电器相对应的负载开始工作，工作原理可参见压缩机继电器驱动电路，本处需要说明的是，当负载不能工作时，根据测量的电压部位，区分出是室内机主板故障还是显示板故障。

（1）四通阀线圈无供电

四通阀线圈、同步电机、室内风机的高风-中风-低风均为 1 个继电器驱动 1 个负载，检修原理相同，以四通阀线圈为例。

假如四通阀线圈无供电，见图 5-9 左图，首先使用万用表交流电压档，一表笔接室内机主板 N 端，一表笔接 4V 端子紫线，测量电压，如果实测为交流 220V，则说明室内机主板和显示板均正常，故障在室外机；如果实测为交流 0V，则说明故障在室内机，可能为室内机主板或者是显示板故障。

为区分是室内机主板或显示板故障时，见图 5-9 右图，应使用直流电压档，黑表笔接连接插座中的 GND 引线，红表笔接 4V 引线，如果实测为直流 5V，说明显示板正常，应更换室内机主板；如果为直流 0V，说明是显示板故障，应更换显示板。

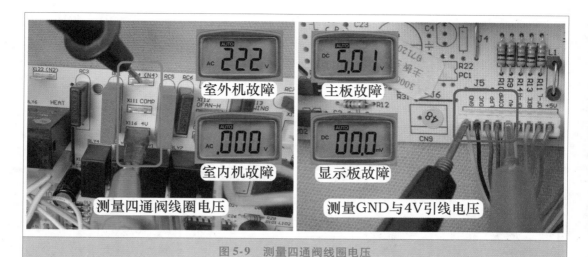

图 5-9　测量四通阀线圈电压

（2）室外风机不运行故障

室外风机的继电器驱动电路工作原理和压缩机继电器驱动电路相同，但在输出方式上有细微差别。室内机主板上设有室外风机高风和低风共 2 个输出端子，而实际上室外风机只有 1 个转速，见图 5-10 左图，室内机主板上高风和低风输出端子使用 1 根引线直接相连，这样，无论室内机主板是输出高风电压还是低风电压，室外风机均能运行。

当室外风机不运行时，使用万用表交流电压档，见图 5-10 右图，一表笔接主板 N 端，一表笔接 OFAN-H 高风端子橙线，如果实测电压为交流 220V，说明为室内机主板已输出电压，故障在室外机；如果实测电压为交流 0V，说明故障在室内机，可能为室内机主板或显示板损坏。

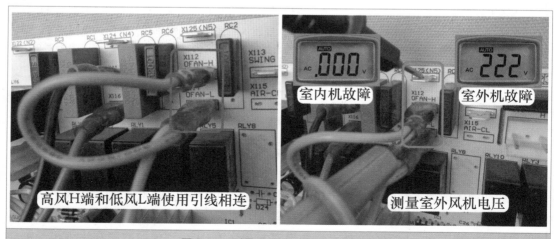

图 5-10　测量室外风机端子交流电压

为区分故障在室内机主板还是显示板时，见图 5-11，应使用万用表直流电压档，黑表笔接连接插座中的 GND 引线，红表笔分 2 次测量 OF-H、OF-L 引线测量电压。如果实测时 2 次测量有 1 次为直流 5V，说明显示板正常，故障在室内机主板；如果实测时 2 次测量均为直流 0V，说明显示板未输出高电平，故障在显示板。

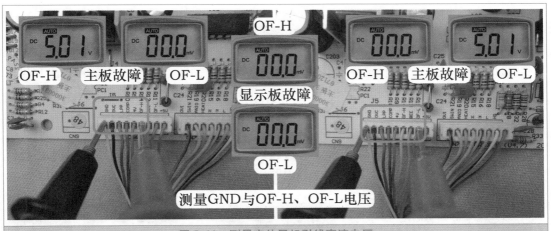

图 5-11　测量室外风机引线直流电压

### 三、　美的空调器室外机主板损坏

➡ **故障说明：** 美的 KFR-120LW/K2SDY 柜式空调器，用户反映通电后室内机 3 个指示灯同时闪，不能使用遥控器或显示板上的按键开机。

1. 测量室外机保护电压

上门检查，将空调器接通电源，显示板上 3 个指示灯开始同时闪烁，使用遥控器和显示板按键均不能开机，3 个指示灯同时闪烁的代码含义为"室外机故障"，经询问用户得知最近没有装修即没有更改过电源相序。

取下室内机进风格栅和电控盒盖板，使用万用表交流电压档，见图 5-12 左图，红表笔接接线端子上的 A 端相线，黑表笔接对接插头中的室外机保护黄线，测量电压，正常应为交流 220V，实测约为 0V，说明故障在室外机或室内外机连接线。

到室外机检查，依旧使用万用表交流电压档，见图 5-12 右图，红表笔接接线端子上的 A 端相线，黑表笔接对接插头中的黄线，测量电压，实测约为 0V，说明故障在室外机，排除室内外机连接线故障。

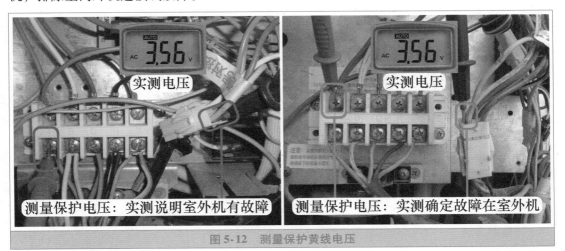

图 5-12　测量保护黄线电压

**2. 测量室外机主板电压和按压交流接触器按钮**

见图 5-13 左图，接接线端子相线的红表笔不动，黑表笔改接室外机主板上的黄线，测量电压，实测约为 0V，说明故障在室外机主板。

判断室外机主板损坏前应测量其输入部分是否正常，即电源电压、电源相序和供电直流 5V 等。判断电源电压和电源相序简单的方法是按压交流接触器按钮，强制使触点闭合为压缩机供电，再聆听压缩机声音：无声音则检查电源电压，声音沉闷则检查电源相序，声音正常说明供电正常。

见图 5-13 中图和右图，本例按压交流接触器按钮时压缩机运行声音清脆，手摸排气管温度迅速变热，吸气管温度迅速变凉，说明压缩机运行正常，排除电源供电故障。

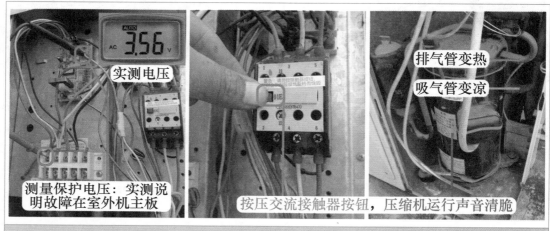

图 5-13　测量主板保护黄线电压和按压交流接触器按钮

**3. 测量 5V 电压和短接输入输出引线**

使用万用表直流电压档，见图 5-14 左图，黑表笔接插头中的黑线，红表笔接白线，测量电压，实测为直流 5V，说明室内机主板输出的 5V 电压已供至室外机主板，查看室外机主板上的指示灯也已点亮，说明 CPU 已工作，故障为室外机主板损坏。

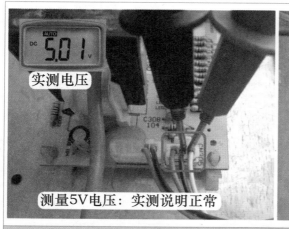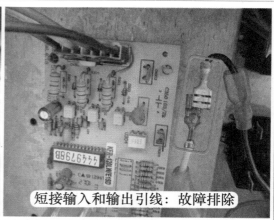

图 5-14　测量 5V 电压和短接室外机主板

　　为判断空调器是否还有其他故障，断开空调器电源，见图 5-14 右图，拔下室外机主板上的输入黑线、输出黄线插头，并将 2 个插头直接连在一起，再次将空调器接通电源，室内机 3 个指示灯不再同时闪烁，为正常的熄灭，处于待机状态，使用遥控器开机，室内风机和室外机均开始运行，同时开始制冷，说明空调器只有室外机主板损坏。

➡ **维修措施：**见图 5-15，由于暂时没有相同型号的新主板更换，使用型号相同的配件代换，通电试机空调器制冷正常。使用万用表交流电压档测量室外机接线端子相线 A 和对接插头的黄线电压，实测为交流 220V，说明故障已排除。

损坏的主板　　　　代换的主板　　　　测量保护电压：实测说明正常

图 5-15　更换主板

---

**四、　交流接触器线圈开路**

➡ **故障说明：**美的 KFR-71LW/SDY-S3 柜式空调器，见图 5-16，开机后显示屏显示正常但不制冷，到室外机检查，室外风机运行但压缩机不运行。

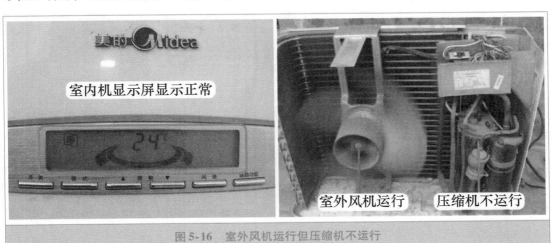

室内机显示屏显示正常　　　　室外风机运行　　　压缩机不运行

图 5-16　室外风机运行但压缩机不运行

　　**1. 查看交流接触器和强制按压按钮**
　　压缩机供电由交流接触器提供，首先查看室外机电控盒内的交流接触器，见图 5-17，发现触点未闭合，于是使用螺钉旋具（俗称螺丝刀）头顶住强制按钮使触点闭合，压缩机开始运行，手摸压缩机吸气管变凉，排气管变热，说明空调器不制冷故障由交流接触器触点未闭合引起。

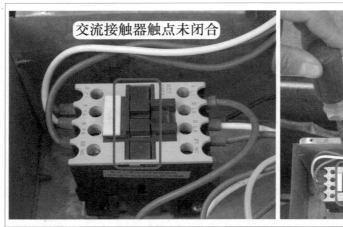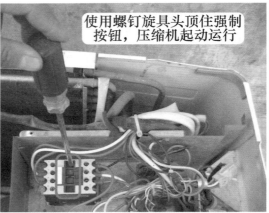

图 5-17　查看交流接触器和强制按压按钮

**2. 测量交流接触器线圈电压和阻值**

使用万用表交流电压档，见图 5-18 左图，测量交流接触器线圈电压为交流 220V，说明室内机主板已输出压缩机运行的控制电压，故障在室外机。

断开空调器电源，使用万用表电阻档，见图 5-18 右图，测量交流接触器线圈阻值为无穷大，初步判断线圈开路损坏。

➡ 说明：图 5-18 右图中在测量线圈阻值时，为使图片清晰，取下了交流接触器的输入侧引线，实际测量时不用取下引线。

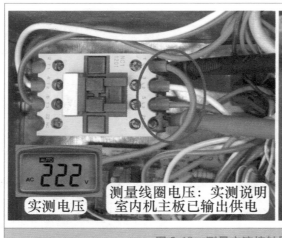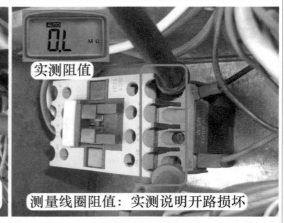

图 5-18　测量交流接触器线圈电压和线圈阻值

**3. 取下交流接触器和测量线圈阻值**

取下交流接触器，见图 5-19，使用万用表电阻档测量线圈的接线端子，阻值仍为无穷大，而正常阻值约500Ω，从而确定故障为交流接触器线圈开路损坏。

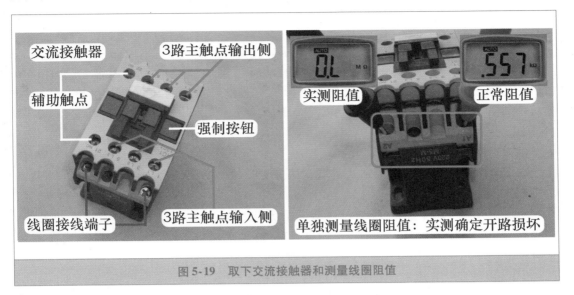

图5-19　取下交流接触器和测量线圈阻值

➡️ **维修措施：** 见图5-20，更换交流接触器，开机后交流接触器触点闭合，压缩机得电运行，空调器制冷恢复正常。

➡️ **说明：** 交流接触器的线圈电压有交流380V和交流220V两种，更换时应选用相同型号，否则容易损坏线圈使之开路损坏。

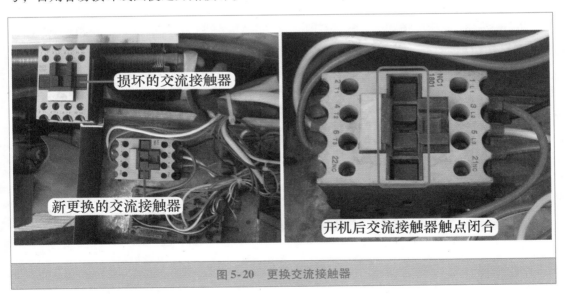

图5-20　更换交流接触器

## 五、　压缩机卡缸

➡️ **故障说明：** 格力KFR-120LW/E（1253L）V-SN5柜式空调器，用户反映不制冷，开机后整机马上停机，显示E1代码，关机后再开机，室内风机运行，但3min后整机再次停机，并显示E1代码，代码含义为制冷系统高压保护。

1. 检修过程

本例空调器通电时正常，但开机后立即显示 E1 代码，判断由于压缩机过电流引起，应首先检查室外机。

到室外机查看，让用户断开空调器电源后，并再次通电开机，在开机瞬间细听压缩机发出"嗡嗡"声，但起动不起来，约 3s 后听到电流检测板继电器触点响一声（断开），再过约 3s 后室内机主板停止压缩机交流接触器线圈和室外风机供电，同时整机停机并显示 E1 代码，待约 30s 后能听到电流检测板上继电器触点再次响一声（闭合）。

根据现象说明故障为压缩机起动不起来（卡缸），使用万用表交流电压档测量室外机接线端子上 L1-L2、L1-L3、L2-L3 的电压均为交流 380V，L1-N、L2-N、L3-N 的电压均为交流 220V，说明三相供电电压正常。

使用万用表电阻档，测量交流接触器下方输出端的压缩机 3 根引线之间的阻值，实测棕线-黑线为 3Ω、棕线-紫线为 3Ω、黑线-紫线为 2.9Ω，说明压缩机线圈阻值正常。

2. 测量压缩机电流

断开空调器电源并再次开机，同时使用万用表交流电流档，见图 5-21，快速测量压缩机的 3 根引线电流，实测棕线电流约为 56A，黑线电流约为 56A，紫线电流约为 56A，3 次电流相等，判断交流接触器触点正常，上方输入端触点的三相 380V 电压已供至压缩机线圈，判断为压缩机卡缸损坏。

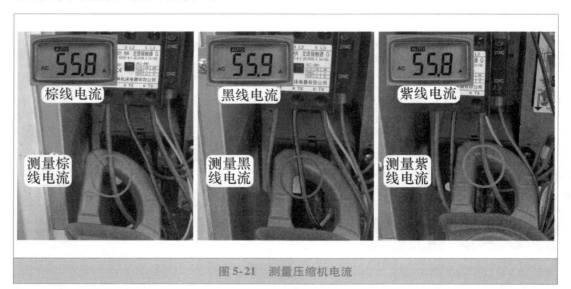

图 5-21　测量压缩机电流

3. 断开压缩机引线

为判断故障，见图 5-22，取下交流接触器下方输出端的压缩机引线，即断开压缩机线圈，再次开机，3min 延时过后，交流接触器触点闭合，室外风机和室内风机均开始运行，同时不再显示 E1 代码，使用万用表交流电压档测量方形对接插头中的 OVC 黄线与 L1 端子电压一直为交流 220V，从而确定为压缩机损坏。

实测电压

取下压缩机引线

测量黄线电压：实测说明正常

图 5-22　断开压缩机引线和测量黄线电压

➡ **维修措施：** 见图 5-23，更换压缩机。本机压缩机型号为三洋 C-SBX180H38A，安装后顶空加氟至 0.45MPa，制冷恢复正常，故障排除。

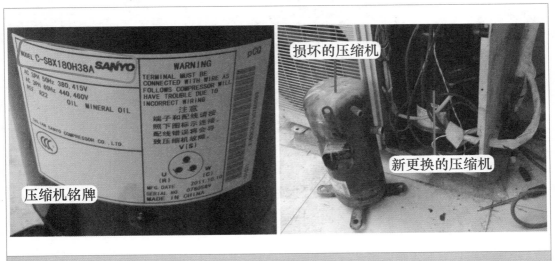

压缩机铭牌

损坏的压缩机

新更换的压缩机

图 5-23　更换压缩机

**总结：**

1）压缩机卡缸和三相供电断相表现的故障现象基本相同，开机的同时交流接触器触点闭合，因引线电流过大，电流检测板继电器触点断开，整机停机并显示 E1 代码。

2）因压缩机卡缸时电流过大，其内部过载保护器将很快断开保护，并且恢复时间过慢，如果再次开机，将会引起室外风机运行，交流接触器触点闭合但压缩机不运行的假性故障，在维修时需要区分对待，区分的方法是手摸压缩机外壳温度，如果很烫为卡缸、如果常温为线圈开路。

## 第二节 相序故障

### 一、三相断相

➡ **故障说明**：格力 KFR-120LW/E（1253L）V-SN5 柜式空调器，用户反映不制冷，开机后整机马上停机，显示 E1 代码，关机后再开机，室内风机运行，但 3min 后整机再次停机，并显示 E1 代码，代码含义为制冷系统高压保护。

**1. 测量高压保护黄线电压**

使用万用表交流电压档，见图 5-24，红表笔接室内机主板 L 端子棕线，黑表笔接 OVC 端子黄线，测量待机电压约为交流 220V，说明高压保护电路室外机部分正常。

按压显示板"开/关"键开机，CPU 控制室内风机、室外风机和压缩机运行，但 L 与 OVC 电压立即变为 0V，约 3s 后整机停机并显示 E1 代码，待约 30s 后 L 与 OVC 电压又恢复成正常值 220V，根据开机后 L 与 OVC 电压变为交流 0V，判断室外机出现故障。

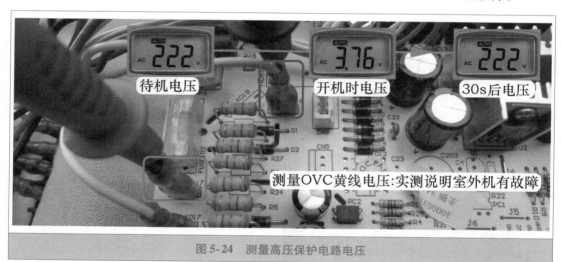

待机电压　　开机时电压　　30s后电压

测量OVC黄线电压:实测说明室外机有故障

图 5-24　测量高压保护电路电压

**2. 测量电流检测板输出端子**

到室外机查看，让用户断开空调器电源，约 1min 后再次通电开机，见图 5-25 左图，在开机瞬间细听压缩机发出"嗡嗡"声，但起动不起来，约 3s 后听到电流检测板继电器触点响一声（断开），约 3s 后室内机主板停止为压缩机交流接触器线圈和室外风机供电，同时整机停机并显示 E1 代码，约 30s 后能听到电流检测板上继电器触点再次响一声（闭合）。

使用万用表交流电压档，见图 5-25 右图，黑表笔接电源接线端子的 L1 端（实接电流检测板上 L 棕线），红表笔接电流检测板继电器的输出蓝线（连接高压压力开关），实测待机电压为交流 220V，在压缩机起动时约 3s 后继电器触点响一声后（断开）变为交流 0V，再待约 3s 后室内机主板停止为交流接触器线圈供电，即断开压缩机供电，待约 30s

继电器触点响一声后（闭合），电压恢复至交流 220V，从实测说明由于压缩机起动时电流过大，使得电流检测板继电器触点断开，高压保护电路断开，室内机显示 E1 代码，根据现象判断为压缩机或三相电源供电故障。

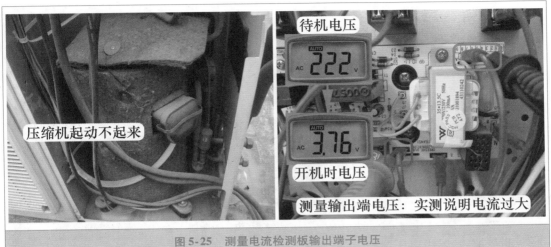

图 5-25　测量电流检测板输出端子电压

### 3. 测量压缩机线圈阻值

待机状态交流接触器触点断开，相当于断开供电，输出端触点电压为交流 0V，此时即使室外机接线端子三相供电正常，使用万用表电阻档，测量交流接触器下方输出端触点的压缩机引线阻值，也不会损坏万用表。

见图 5-26，实测棕线-黑线阻值为 2.2Ω，棕线-紫线阻值为 2.2Ω，黑线-紫线阻值为 2.3Ω，3 次测量阻值相等，判断压缩机线圈正常。

图 5-26　测量交流接触器输出端引线阻值

### 4. 测量接线端子电压

因三相供电不正常也会引起压缩机起动不起来，使用万用表交流电压档，测量三相供电电压；又因电源接线端子上三相供电直接连接到交流接触器上方的输入端触点，测量交流接触器上方的输入端触点引线电压相当于测量电源接线端子的 L1-L2-L3 端子电压。

　　见图 5-27，测量棕线（接 L1）-黑线（接 L2）电压为交流 382V，棕线-紫线（接 L3）电压为交流 293V，黑线-紫线电压为交流 115V，说明三相供电电源不正常，紫线（L3）端子出现故障。

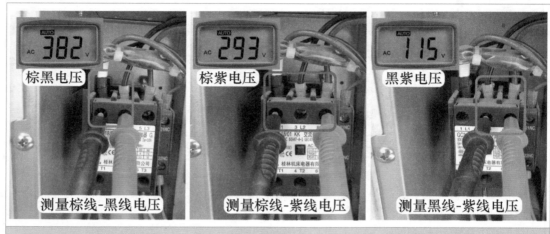

图 5-27　测量交流接触器上方引线电压

　　依旧使用万用表交流电压档，测量三相供电端子与 N 端电压，见图 5-28，实测 L1-N 端子电压为交流 221V，L2-N 端子电压为交流 219V，L3-N 端子电压为交流 179V，根据测量结果也说明 L3 端子对应的紫线有故障。

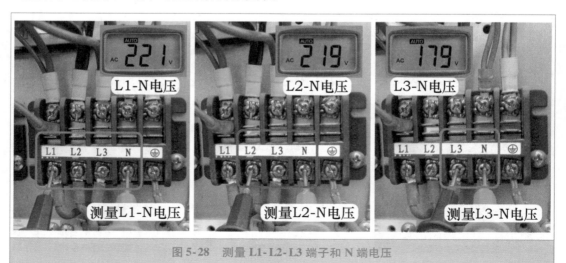

图 5-28　测量 L1-L2-L3 端子和 N 端电压

**5. 测量压缩机电流**

　　使用螺钉旋具头按压交流接触器的强制按钮，强制为压缩机供电，同时使用万用表交流电流档，见图 5-29，依次测量压缩机的 3 根引线电流，实测棕线电流约为 43A，黑线电流约为 43A，紫线电流为 0A。综合测量三相电压结果，判断压缩机起动不起来，是由于紫线即 L3 端子断相导致。

➡ 说明：压缩机起动不起来时因电流过大，如长时间强制供电，容易使压缩机内部过载保护器断开，断开后压缩机 3 根引线阻值均为无穷大，且恢复等待的时间较长，因此测量电流时速度要快。在强制供电的同时，能听到电流检测板继电器触点闭合或断开的声音，此时为正常现象。

图 5-29　测量压缩机电流

➡ 维修措施：检查空调器的三相供电电源，在断路器处发现对应于 L3 端子的引线螺钉未拧紧（即虚接），经拧紧后在室外机电源接线端子处测量 L1-L2-L3 端子电压，3 次测量均为交流 380V，判断供电正常，再次通电开机，压缩机起动运行，制冷恢复正常。

**总结：**

1）本例断路器处相线虚接，相当于接触不良，L3 端子与 L1、L2 端子电压变低（不为交流 0V），相序保护器检测后判断供电正常，其触点闭合，但室内机主板控制交流接触器触点闭合为压缩机线圈供电时，由于 L3 端断相，压缩机起动不起来时电流过大，电流检测板继电器触点断开，CPU 检测后控制整机停机并显示 E1 代码。

2）如果断路器处 L3 端子未连接，L3 与 L1、L2 端子电压为交流 0V，相序保护器检测后判断为断相，其触点断开，引起开机后室外风机运行，压缩机不运行，空调器不制冷的故障，但不报 E1 代码。

## 二、　调整三相供电相序

➡ 故障说明：格力 KFR-120LW/E（12568L）A1-N2 柜式空调器，用户反映头一年制热正常，但等到第二年入夏使用制冷模式时，发现不制冷，室内机吹自然风。

**1. 按压交流接触器强制按钮**

首先到室外机检查，发现室外风机运行，但压缩机不运行，见图 5-30 左图，查看交流接触器的强制按钮，发现触点未闭合。

使用万用表交流电压档，见图 5-30 右图，测量接触器线圈端子电压，正常电压为交流 220V，实测电压为 0V，说明交流接触器线圈的控制电路有故障。

图 5-30　交流接触器触点未闭合和测量线圈电压

**2. 测量黑线电压和按压交流接触器强制按钮**

依旧使用万用表交流电压档，见图 5-31 左图，1 表笔接室外机接线端子的 N 端，1 表笔接方形对接插头中的黑线（即压缩机引线），实测电压为交流 220V，说明室内机主板已输出电压，故障在室外机。

由于交流接触器线圈 N 端中串接有相序保护器，当相序错误或断相时其触点断开，也会引起此类故障。使用万用表交流电压档，测量三相供电 L1-L2、L1-L3、L2-L3 电压均为交流 380V，三相供电与 N 端即 L1-N、L2-N、L3-N 电压均为交流 220V，说明三相供电正常。

见图 5-31 右图，使用螺钉旋具头按住强制按钮，强行接通交流接触器的 3 路触点，此时压缩机运行，但声音沉闷，手摸吸气管和排气管均为常温，说明三相供电相序错误。

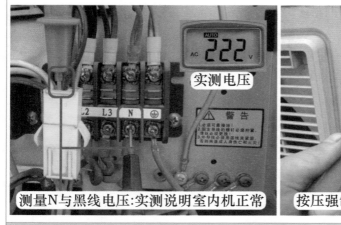

图 5-31　按压交流接触器强制按钮

**3. 区分电源供电引线**

见图 5-32 左图，室外机接线端子上共有 2 束相同的 5 芯电源引线，1 束为电源供电引线，接供电处的断路器；1 束为室内机供电，接室内机。

2 束引线作用不同，如果调整引线时调反，即对调的引线为室内机供电，开机后故障依旧，因此应首先区别出 2 束引线的功能。方法是断开空调器电源，见图 5-32 中图和右图，依次取下左侧接线端子上的 L1 引线和右侧接线端子的 L1 引线。

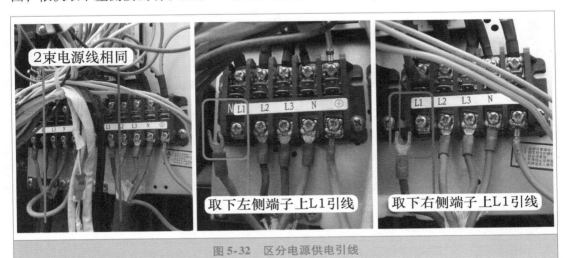

图 5-32　区分电源供电引线

使用万用表电阻档，见图 5-33，1 表笔接 N 端，另 1 表笔依次接 2 个 L1 引线测量阻值，因电源供电引线接断路器，而室内机供电引线中的 L1 端和 N 端并联有变压器一次绕组，因此测量阻值为无穷大的 1 束引线为电源供电，调整相序时即对调这束引线；测量阻值约 80Ω 的 1 束引线接室内机。根据测量结果可判断为右侧接线端子的引线为电源供电。

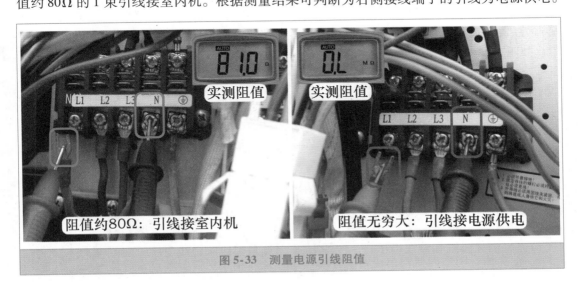

图 5-33　测量电源引线阻值

➡ **维修措施：**见图 5-34，调整相序。方法是任意对调三相供电引线中的 2 根引线位置，见图 5-34，本例对调 L1 和 L2 端子引线位置。

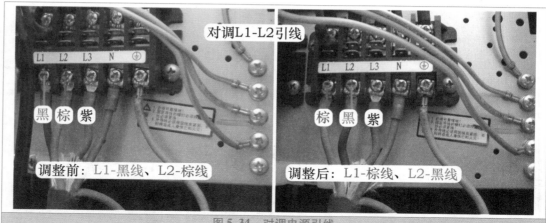

图 5-34　对调电源引线

### 三、　更换相序保护器

➡ 故障说明：格力 KFR-120LW/E（1253L）V-SN5 柜式空调器，用户反映不制冷，室内机吹自然风。

　　**1. 测量交流接触器线圈电压**

　　到室外机查看，发现室外风机运行但压缩机不运行，查看交流接触器的强制按钮未闭合，说明交流接触器触点未导通，压缩机因无供电而不能运行。

　　使用万用表交流电压档，见图 5-35 左图，黑表笔接相序保护器输出侧的蓝线（N端），红表笔接方形对接插头中的压缩机黑线，实测电压为交流 220V，说明室内机输出正常，故障在室外机。

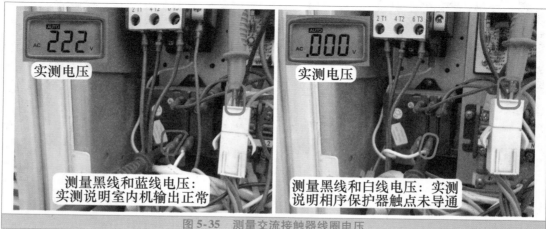

图 5-35　测量交流接触器线圈电压

　　见图 5-35 右图，红表笔接压缩机黑线不动，黑表笔接相序保护器输出侧的白线，相当于测量交流接触器线圈电压，实测电压约为交流 0V，说明相序保护器输出侧触点未导通。

**2. 测量三相接线端子电压和按压交流接触器强制按钮**

相序保护器输出侧触点未导通常见有 3 个原因：三相供电断相、相序错、相序保护器自身损坏。

使用万用表交流电压档，见图 5-36 左图，测量三相供电 L1-L2、L1-L3、L2-L3 电压均为交流 380V，三相供电与 N 端即 L1-N、L2-N、L3-N 电压均为交流 220V，说明三相供电电压正常。

见图 5-36 右图，使用螺钉旋具头按压交流接触器强制按钮，细听压缩机运行声音正常，手摸压缩机排气管烫手、吸气管冰凉，判断压缩机及三相供电相序正常，故障为相序保护器损坏。

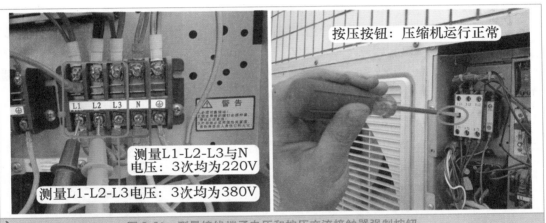

图 5-36 测量接线端子电压和按压交流接触器强制按钮

**3. 短接相序保护器**

为准确判断，断开空调器电源，见图 5-37 左图，将相序保护器输出侧中的白线直接插在接线端子上的 N 端，即短接相序保护器，再次通电试机，压缩机运行，空调器制冷正常，确定故障为相序保护器损坏。

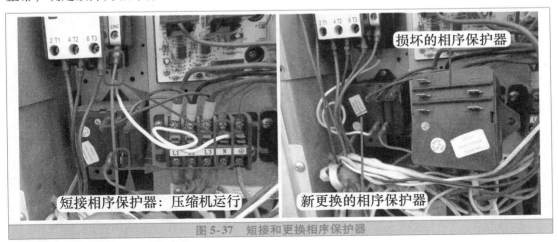

图 5-37 短接和更换相序保护器

➡ 维修措施：见图 5-37 右图，更换相序保护器。

---

总 结：

　　1）交流接触器线圈无供电，如因相序保护器输出侧触点未导通引起，在确认三相供电电压正常且三相相序符合压缩机运行相序，才能确定相序保护器损坏。

　　2）使用短接法短接相序保护器时，虽然空调器能正常运行，但由于缺少相序保护，不能长期使用，应尽快更换。否则在使用过程中，因某种原因导致三相供电相序不符合压缩机相序，压缩机将反转运行，并导致很快损坏，造成更大的故障。

---

### 四、 代换格力空调器相序盒

　　在实际维修中，如果原机相序保护器损坏，并且没有相同型号的配件更换时，可使用通用相序保护器代换，本节选用某品牌名称为"断相与相序保护继电器"的器件，对格力空调器代换相序盒的步骤进行详细说明。

　　**1. 通用相序保护器实物外形和接线图**

　　通用相序保护器见图 5-38，由控制盒和接线底座组成，使用时将底座固定在室外机合适的位置，控制盒通过卡扣固定在底座上面。

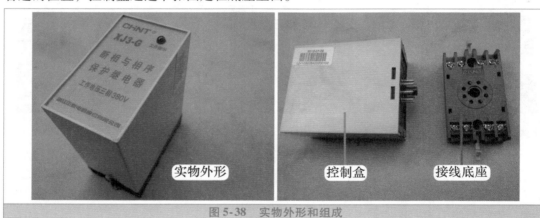

图 5-38　实物外形和组成

　　图 5-39 左图为接线图，图 5-39 右图为接线底座上的对应位置。输入侧 1-2-3 端子接三相供电 L1- L2- L3 端子即检测引线。

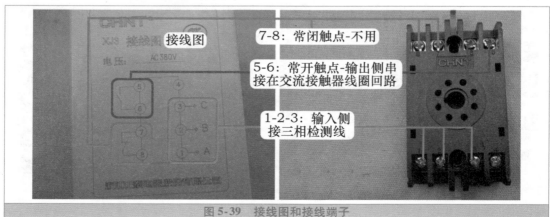

图 5-39　接线图和接线端子

输出侧 5-6 端子为继电器常开触点，相序正常时触点闭合；7-8 端子为继电器常闭触点，相序正常时触点断开。交流接触器线圈供电回路应串接在 5-6 端子。

**2. 代换步骤**

（1）输入侧引线

见图 5-40，将接线底座固定在室外机电控盒内合适的位置，由于 L1-L2-L3 端子连接原机相序保护器的引线较短，应准备 3 根引线，并将两端剥开适当的长度。

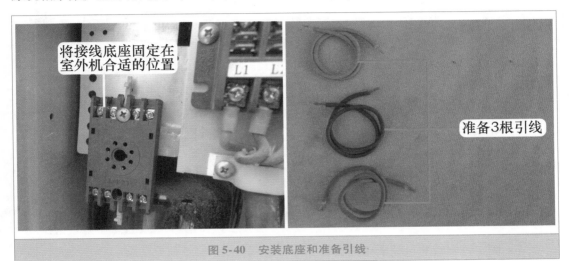

图 5-40 安装底座和准备引线

（2）安装输入侧引线

见图 5-41，将其中 1 根引线连接底座 1 号端子和 L1 端子，其中 1 根引线连接底座 2 号端子和 L2 端子，其中 1 根引线连接底座 3 号端子和 L3 端子，这样，输入侧引线全部连接完成。

➡ 注意：接线端子上 L1-L2-L3 和底座上 1-2-3 的引线应使用螺钉旋具拧紧固定螺钉。

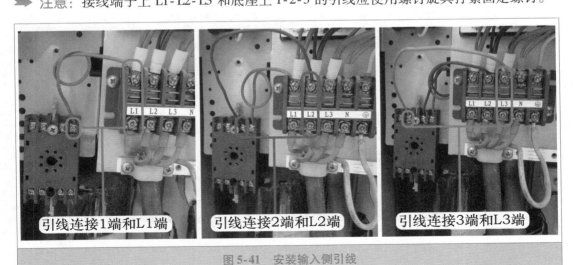

图 5-41 安装输入侧引线

（3）安装输出侧引线

见图 5-42 左图，原机交流接触器线圈的白线使用插头，因此将插头剪去，并剥开适

**151**

合的长度接在底座 5 号端子；原机 N 端引线不够长，再使用另外 1 根引线连接底座 6 号端子和接线端子 N 端，这样输出侧引线也全部连接完成。注意：底座 5 号和 6 号端子接继电器触点，连接引线时不分反正。

此时接线底座共有 5 根引线，见图 5-42 右图，1-2-3 端子分别连接接线端子 L1- L2- L3，5-6 端子连接交流接触器线圈和接线端子 N 端子。

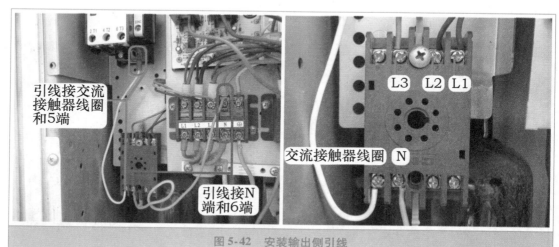

图 5-42　安装输出侧引线

（4）固定控制盒和包扎未用接头

见图 5-43，将控制盒安装在底座上并将卡扣锁紧，再使用防水胶布将未使用的原机 L1、L2、L3、N 共 4 个插头包好，防止漏电。

再将空调器接通电源，控制盒检测相序符合正常时，控制内部继电器触点闭合，并且顶部"工作指示"灯（红色）点亮；空调器开机后，交流接触器触点闭合，压缩机开始运行。

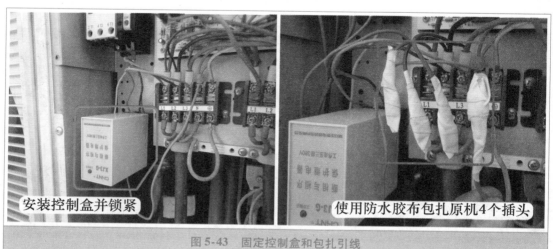

图 5-43　固定控制盒和包扎引线

**3. 压缩机不运行时调整方法**

如果空调器通电后控制盒上的"工作指示"灯不亮，开机后交流接触器触点不能闭合使得压缩机不能运行，说明三相供电相序与控制盒内部检测相序不相同。此时应当断开空调器电源，取下控制盒，见图5-44，对调底座接线端子输入侧的任意2根引线位置，即可排除故障，再次开机，压缩机开始运行。

➡ 注意：原机只是相序保护器损坏，原机三相供电相序符合压缩机运行要求，因此调整相序时不能对调原机接线端子上的引线，必须对调底座的输入侧引线。否则造成开机后压缩机反转运行，空调器不能制冷或制热，并且容易损坏压缩机。

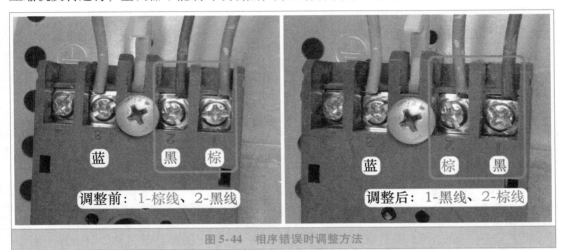

图5-44  相序错误时调整方法

### 五、　代换海尔空调器相序板

➡ 故障说明：海尔KFR-120LW/L（新外观）柜式空调器，用户反映不制冷，室内机吹自然风。上门检查，遥控器开机，电源和运行指示灯亮，室内风机运行，但吹风为自然风，到室外机查看，发现室外风机运行，但压缩机不运行。

1. 测量电源电压

压缩机由接线端子的三相电源供电，首先使用万用表交流电压档，见图5-45左图，测量三相电源电压是否正常，分3次测量，实测室外机接线端子上R-S、R-T、S-T电压均约为交流380V，初步判断三相供电正常。

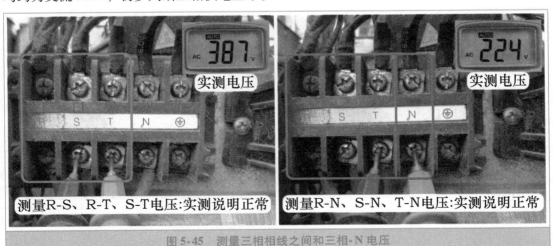

图5-45  测量三相相线之间和三相-N电压

　　为准确判断三相供电，依旧使用万用表交流电压档，见图5-45右图，测量三相供电与零线N的电压，分3次测量，实测R-N、S-N、T-N电压均为交流220V，确定三相供电正常。

　　**2. 测量压缩机和室外风机电压**

　　室外机6根引线的接线端子连接室内机，1号白线为相线L，2号黑线为零线N，6号黄绿线为地，共3根线由室外机电源向室内机供电；3号红线为压缩机，4号棕线为四通阀线圈，5号灰线为室外风机，共3根线由室内机主板输出，去控制室外机负载。

　　使用万用表交流电压档，见图5-46左图，黑表笔接2号零线N端子，红表笔接3号压缩机端子，实测电压约交流220V，说明室内机主板已输出压缩机供电，故障在室外机。

　　见图5-46右图，黑表笔不动接2号零线N端子，红表笔接5号室外风机端子，实测电压约交流220V，也说明室内机主板已输出室外风机供电。

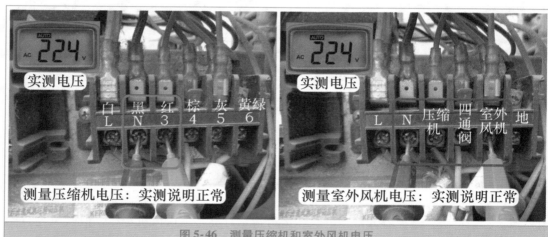

图5-46　测量压缩机和室外风机电压

　　**3. 按压交流接触器按钮和测量线圈电压**

　　取下室外机顶盖，见图5-47左图，查看为压缩机供电的交流接触器按钮未闭合，说明其触点未导通，用手按压按钮，强制使触点闭合，此时压缩机开始运行，手摸排气管发热、吸气管变凉，说明制冷系统和供电相序均正常。

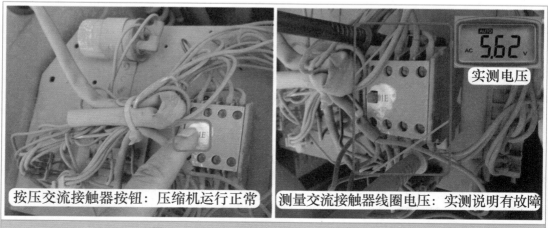

图5-47　按压交流接触器按钮和测量线圈电压

使用万用表交流电压档，见图5-47右图，红、黑表笔接交流接触器线圈的2个端子，测量电压，实测电压约交流0V，说明室外机电控系统出现故障。

**4. 测量相序板电压**

查看室外机接线图或实际连接线，发现交流接触器线圈引线1端经相序板接零线，1端接3号端子接室内机主板相线，原理和格力空调器相同。

相序板实物外形见图5-48左图，共有5根引线：输入端有3根引线，为三相相序检测，连接室外机接线端子R-S-T端子；输出端共2根引线，连接继电器触点的2个端子，1根接零线N，1根接交流接触器线圈。

使用万用表交流电压档，见图5-48中图，红表笔接交流接触器线圈相线L相当于接3号端子压缩机引线，黑表笔接相序板零线引线，实测电压为交流220V，说明零线已送至相序板。

见图5-48右图，红表笔不动依旧接相线L，黑表笔接相序板上连接交流接触器线圈的引线，实测电压约为交流0V，说明相序板继电器触点未闭合，由于三相供电电压和相序均正常，判断相序板损坏。

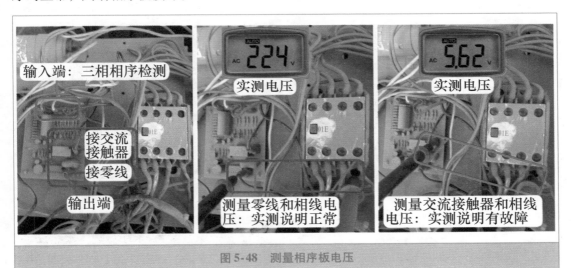

图5-48 测量相序板电压

**5. 使用通用相序保护器代换**

由于暂时配不到原机相序板，查看其功能只是相序检测功能，决定使用通用相序保护器进行代换，其实物外形和接线图见图5-38和图5-39，代换步骤如下。

代换时断开空调器电源，见图5-49，拔下相序板的5根引线，并取下相序板，再将通用相序保护器的接线底座固定在室外机合适的位置。

原机相序板使用接线端子，引线使用插头，而接线底座使用螺钉固定，见图5-50，因此剪去引线插头，并剥出适当长度的接头，将3根相序检测线接入底座1-2-3端子。

见图5-51，把原相序板2根输出端的继电器引线不分反正接入5-6端子，再将相序保护器的控制盒安装底座上并锁紧，完成使用通用相序保护器代换原机相序板的接线。

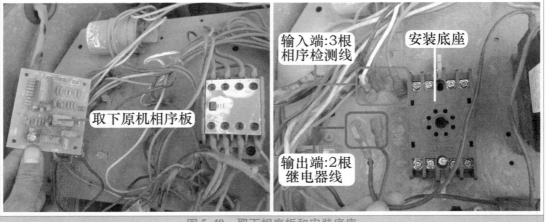

图 5-49 取下相序板和安装底座

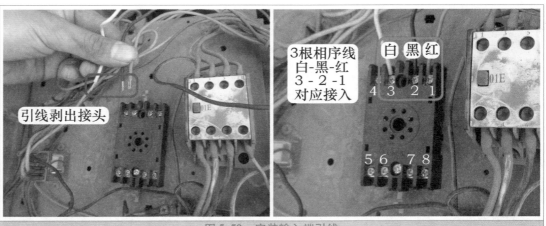

图 5-50 安装输入端引线

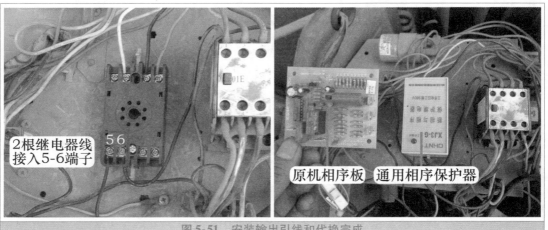

图 5-51 安装输出引线和代换完成

**6. 对调输入侧引线**

将空调器接通电源，见图 5-52 左图，查看通用相序保护器的工作指示灯不亮，判断其相序检测与电源相序不相同，使用遥控器开机后，交流接触器触点未闭合，不能为压缩机供电，压缩机依旧不运行，只有室外风机运行。

由于原机电源相序符合压缩机运行要求，只是通用相序保护器检测不相同，因此断开空调器电源，见图5-52中图和右图，取下控制盒，对调接线底座上1-2端子引线，安装后通电试机，通用相序保护器工作指示灯已经点亮，遥控器开机后压缩机和室外风机均开始运行，故障排除。

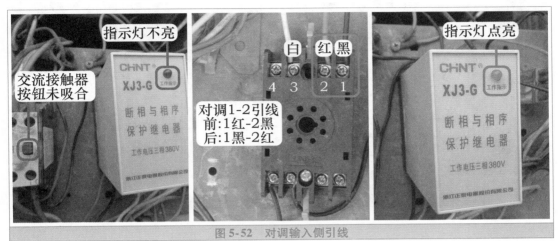

图5-52　对调输入侧引线

➡ 维修措施：使用通用相序保护器代换相序板。

### 六、　代换美的空调器相序板

➡ 故障说明：检修美的 KFR-120LW/K2SDY 柜式空调器时发现室外机主板损坏，但暂时没有配件更换，可使用通用相序保护器进行代换，其实物外形和接线图见图5-38和图5-39，代换步骤如下。

**1. 固定接线底座**

取下室外机前盖，见图5-53，由于通用相序保护器体积较大且较高，应在室外机电控盒内寻找合适的位置，使安装室外机前盖时不会影响保护器，找到位置后使用螺钉将接线底座固定在电控盒铁皮上面。

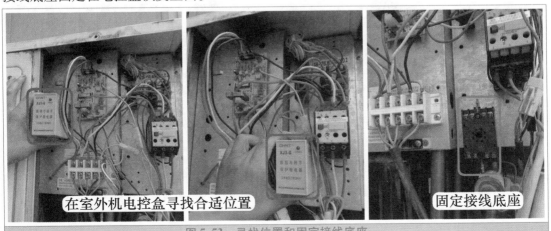

图5-53　寻找位置和固定接线底座

### 2. 安装引线

见图 5-54，拔下室外机主板（相序板）相序检测插头，其共有 4 根引线，即 3 根相线和 1 根 N 零线，由于通用相序保护器只检测三根相线且使用螺钉固定，取下 N 端黑线和插头，并将 3 根相线剥开适当长度的绝缘层。

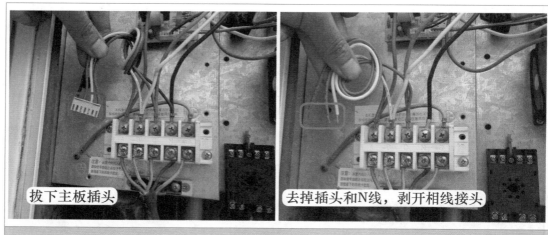

拔下主板插头 去掉插头和N线，剥开相线接头

图 5-54　拔下原主板插头并剪断引线

### 3. 安装输入侧引线

见图 5-55，将室外机接线端子上的 A 端红线接在底座 1 号端子，将 B 端白线接在底座 2 号端子，将 C 端蓝线接在底座 3 号端子，完成安装输入侧的引线。

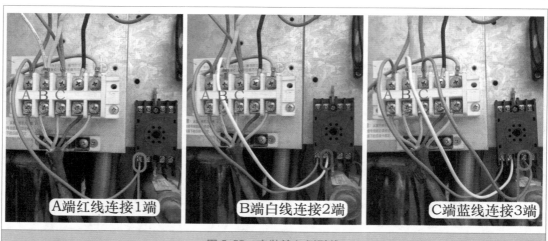

A端红线连接1端 B端白线连接2端 C端蓝线连接3端

图 5-55　安装输入侧引线

### 4. 安装输出侧引线

查看为压缩机供电的交流接触器线圈端子，见图 5-56 左图，1 端子接 N 端零线，另 1 端子接对接插头上的红线，受室内机主板控制，由于原机设有室外机主板，当检测到相序错误或断相等故障时，其输出信号至室内机主板，室内机主板 CPU 检测后立即停止压缩机和室外风机供电，并显示故障代码进行保护。

取下室外机主板后对应的相序检测或断相等功能改由通用相序保护器完成，但其不能直接输出至室内机，见图5-56中图和右图，因此应剪断对接插头中的红线，使为交流接触器线圈的供电串接在输出侧继电器触点回路中，并将线圈的红线接至输出侧6号端子。

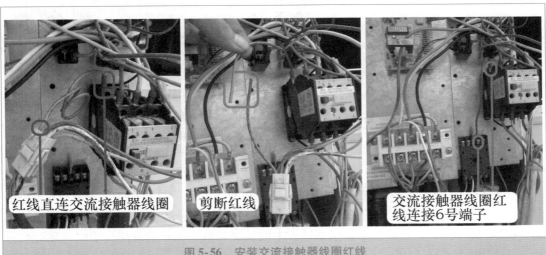

红线直连交流接触器线圈　　剪断红线　　交流接触器线圈红线连接6号端子

图5-56　安装交流接触器线圈红线

见图5-57，再将对接插头中的红线接在输出侧的5号端子，这样为输出侧和输入侧的引线就全部安装完成，接线底座上共有5根引线，即1-2-3号端子为相序检测输入、5-6号端子为继电器常开触点输出，其4-7-8号端子空闲不用，再将控制盒安装在接线底座并锁紧。

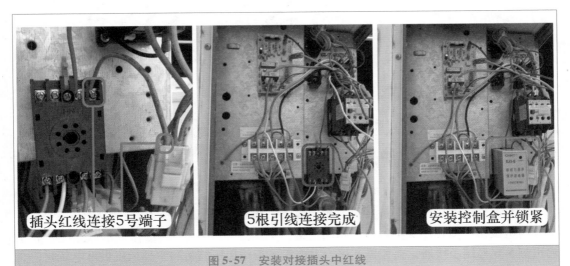

插头红线连接5号端子　　5根引线连接完成　　安装控制盒并锁紧

图5-57　安装对接插头中红线

5. 更改主板引线

见图5-58，取下室外机主板，并将其输出侧的保护黄线插头插在室外机电控盒中N零线端子，相当于短接室外机主板功能。

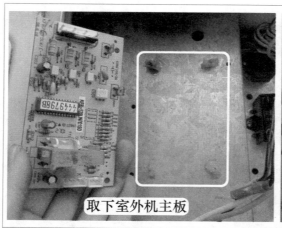
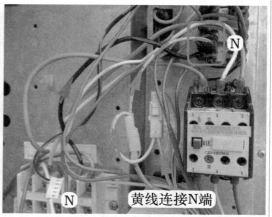

取下室外机主板　　　　黄线连接N端

图 5-58　取下原主板和更改主板引线

见图 5-59，找到室外机主板的 5V 供电插头和室外管温传感器插头，查看 5V 供电插头共有 3 根引线：白线为 5V、黑线为地线、红线为传感器，传感器插头共有 2 引线，即红线和黑线，将 5V 供电插头和传感器插头中的红线和黑线剥开绝缘层，引线并联接在一起，再使用绝缘胶布包裹。

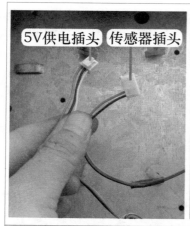
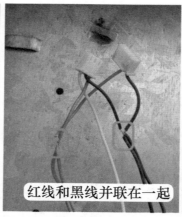
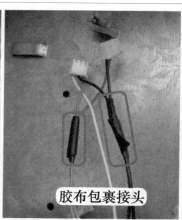

5V供电插头　传感器插头　　　红线和黑线并联在一起　　　胶布包裹接头

图 5-59　短接传感器引线

6. 安装完成

此时，使用通用相序保护器代换相序板的工作就全部完成，见图 5-60 左图。

通电试机，当相序保护器检测相序正常，见图 5-60 中图，其工作指示灯点亮，表示输出侧 5-6 号端子接通，遥控器开机，室内机主板输出压缩机和室外风机供电电压时，交流接触器触点闭合，压缩机应能运行，同时室外风机也能运行。

如果通电后相序保护器上工作指示灯不亮，见图 5-60 右图，表示检测相序错误，输出侧 5-6 号端子断开，此时即使室内机主板输出压缩机和室外风机工作电压，也只有室外风机运行，压缩机因交流接触器线圈无供电、触点断开而不能运行。排除故障时只要断开空调器电源，对调相序保护器接线底座上 1-2 号端子引线即可。

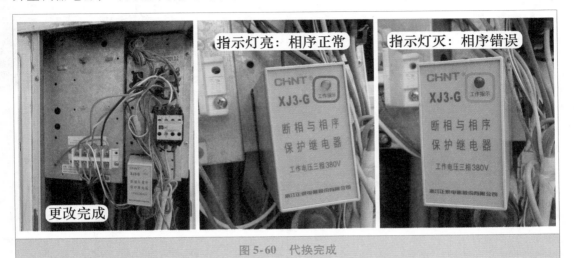

图 5-60　代换完成

# 第六章

# 变频空调器单元电路故障

## 第一节　开关电源电路故障

### 一、　开关电源起动电阻开路

➡ **故障说明**：海信 KFR-2601GW/BP 挂式交流变频空调器，制冷开机，室外风机和压缩机均不运行，使用万用表交流电压档测量室外机接线端子上 L 与 N 的电压为交流 220V，说明室内机主板已输出供电，测量 N 与 S 端电压为直流 −90V，说明通信电路出现故障，按压遥控器上"传感器切换"键 2 次，显示板组件指示灯报故障代码也为"通信故障"。

　　由于本机通信电路电源设在室外机主板上面，因此取下室外机外壳，测量滤波电容上的电压，实测结果为直流 300V，说明 300V 电压产生电路正常，故障在室外机主板，应检查直流 5V 电压是否正常。

**1. 测量直流 5V 电压**

　　见图 6-1 左图，本机开关电源设在模块板，滤波电容上直流 300V 电压经连接线送至模块 P-N 端，其中的 1 个支路为开关电源电路供电，开关电源电路工作后输出 5 路电压，其中 4 路为直流 15V，为模块内部控制电路供电，1 路为直流 12V，经连接线送至室外机主板上 7805 的①脚输入端，其③脚输出端输出直流 5V 电压，为 CPU 提供电源。

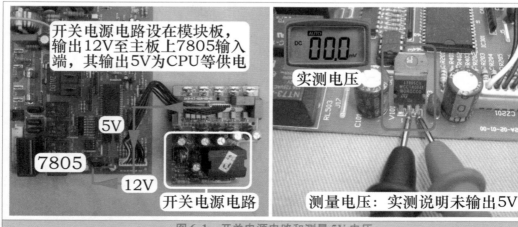

开关电源电路设在模块板，输出12V至主板上7805输入端，其输出5V为CPU等供电

5V

7805

12V

开关电源电路

实测电压

测量电压：实测说明未输出5V

图 6-1　开关电源电路和测量 5V 电压

使用万用表直流电压档，见图6-1右图，黑表笔接地，红表笔接7805的③脚输出端，正常电压为直流5V，而实测电压为0V，说明室内机报"通信故障"是由于CPU没有工作电压引起，应检查7805的①脚输入端直流12V电压。

**2. 测量直流12V和15V电压**

依旧使用万用表直流电压档，见图6-2，黑表笔接地，红表笔接7805的①脚输入端，正常电压约为直流12V，实测电压为直流0V，检查模块板上其中1路直流15V电压，实测也为0V。直流12V和直流15V电压均为0V，判断开关电源电路未工作。

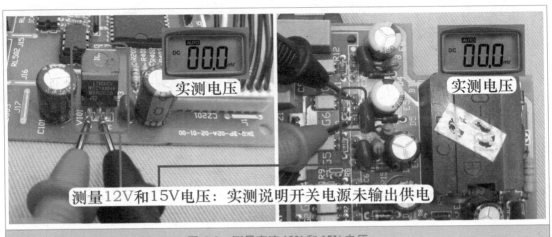

图6-2 测量直流12V和15V电压

**3. 测量集电极电压**

本机开关电源电路由分离元件组成，见图6-3，以开关管、开关变压器等为核心器件，将万用表黑表笔接开关管发射极（E）引脚（即直流300V电压负极），红表笔接集电极（C）引脚，正常时万用表显示值应为快速跳动的直流300V电压，而实测为稳定的直流300V电压，说明开关电源电路未振荡运行。

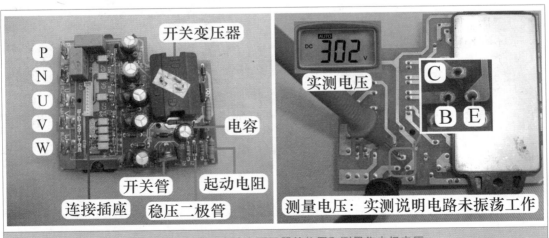

图6-3 开关电源电路主要元器件位置和测量集电极电压

**4. 测量基极电压和起动电阻**

万用表黑表笔不动，红表笔改接开关管基极（B）引脚，见图 6-4 左图，正常电压约为 -3V，而实测电压为 0V，说明开关电源电路未振荡运行。

断开空调器电源，待滤波电容内直流 300V 电压放净后，见图 6-4 右图，使用万用表二极管档测量开关管和稳压二极管正常，使用电阻档测量起动电阻时阻值为无穷大，而正常阻值为 200kΩ，说明开路损坏。

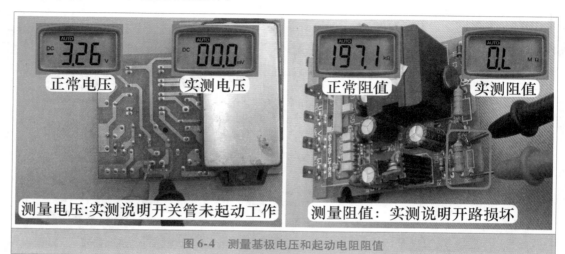

图 6-4　测量基极电压和起动电阻阻值

➡ **维修措施：** 更换起动电阻，见图 6-5 左图，遥控器开机后室外风机和压缩机均开始运行，再次测量开关管基极电压为 -3.2V。

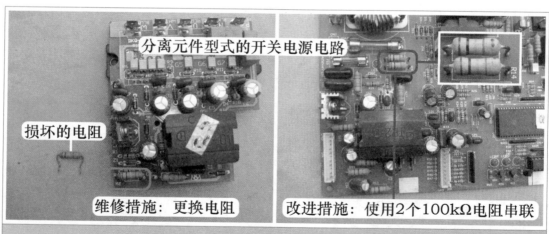

图 6-5　更换起动电阻

总 结：

1）本例起动电阻开路，使得开关管因无起动电压而不能工作，开关电源电路处于停振状态，二次绕组无直流 12V 和直流 15V 电压输出，室外机主板上的 5V 电压为 0V，CPU 不能工作，因此不能发送通信信号，室内机报故障代码为"通信故障"。

2）本例起动电阻参数为 200kΩ/1W，由于受直流 300V 强电电压冲击，阻值容易变大直至无穷大而引发本例故障，在实际维修中占到一定比例。部分变频空调器开关电源电路（如海信 KFR-4001GW/BP，见图 6-5 右图），工作原理和主要元器件型号与本例相同，设在室外机主板上面，起动电阻则选用两个 100kΩ/1W 的电阻串联使用，在实际维修中损坏的比例相对较小。

3）本例开关电源只是起动电阻开路损坏，使用万用表直流电压档，将黑表笔接直流 300V 电压负极，红表笔接基极（B）或集电极（C）测量引脚电压时，在接触引脚的瞬间，开关电源电路能起振并工作正常，这是由于万用表内阻起了"起动电阻"的作用。

4）本例开关电源电路常见元器件故障有：开关管击穿或开路，稳压二极管击穿或开路，起动电阻开路，电容容量减小等。这些均会引起开关电源电路不能正常工作，室外机 CPU 也不能工作，室内机报"通信故障"的故障代码。

## 二、 开关变压器一次供电绕组开路

➡ **故障说明：** 海信 KFR-26GW/27BP 挂式交流变频空调器，用户反映不制冷，上门检查，遥控器开机，能听到室内机主控继电器触点闭合的声音，说明室内机已向室外机供电，到室外机检查，室外风机和压缩机均不运行，测量室外机接线端子 1 号 L 和 2 号 N 端电压为交流 220V，2 号 N 端和 4 号 S 端电压为直流 24V，说明室外机无供电，取下室外机外壳，观察到直流 12V 电压指示灯不亮，测量滤波电容两端直流 300V 电压正常，测量开关电源二次绕组输出端直流 12V 和 15V 电压均为 0V，判断室外机主板开关电源电路损坏，将室外机主板带回维修。

### 1. 测量直流 300V 电压

见图 6-6 左图，使用一个正常的硅桥，并连接 4 根引线，插在带回的室外机主板相应的插座上面，再使用一根电源引线，这样可以将交流 220V 整流成为直流 300V 为室外机主板供电，由于只是开关电源电路部分损坏，因此传感器插头和模块插头都不用插。

安装硅桥引线时，要将硅桥的 1 根交流输入引线插头插在主控继电器后端触点，输入的交流 220V 电压由 PTC 电阻提供，这样即使后级负载出现短路故障，也不会扩大故障。

将电源插头插入插座，使用万用表直流电压档，见图 6-6 右图，黑表笔接滤波电容负极，红表笔接熔丝管的前端，实测电压为直流 300V，说明硅桥和滤波部分正常。

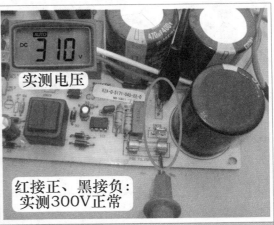

外接硅桥：将220V整流成为300V

实测电压

损坏的主板 引线提供220V电压

红接正、黑接负：实测300V正常

图 6-6 室外机主板和测量直流 300V 电压

➡️ 说明：此处为使图片清晰，黑表笔使用鳄鱼夹。

**2. 测量二次绕组输出电压**

见图 6-7，查看直流 12V 电压指示灯不亮，初步判断开关电源没有工作，使用万用表直流电压档测量直流 15V 电压，表笔接 15V 负载电阻 R4 两端，正常电压为 15V，而实测电压为 0V，确定开关电源电路没有工作，二次绕组输出电压均为 0V。

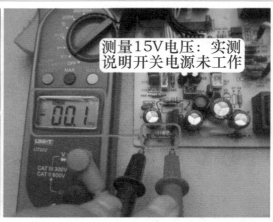

图 6-7　查看 12V 指示灯和测量 15V 电压

**3. 测量集成电路和熔丝管电压**

本机开关电源电路以集成电路 VIPer22A 为核心，电路工作的前提是供电电压直流 300V 正常，其⑤/⑥/⑦/⑧脚（漏极 D）为供电引脚，见图 6-8 左图，黑表笔不动，接直流 300V 电压负极，红表笔接⑧脚测量电压，正常为跳动变化的直流 300V 电压，而实测电压仅为直流 6V，说明直流 300V 电压未提供至开关电源电路。

见图 6-8 右图，由于熔丝管 F01 为开关电源电路提供电压，如果开路会造成此类故障，因此使用红表笔测量熔丝管后端电压，实测值为直流 300V，说明熔丝管正常。

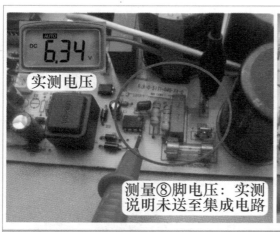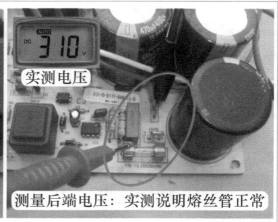

图 6-8　测量 VIPer22A 的⑧脚电压和熔丝管后端电压

**4. 查看供电流程**

断开空调器电源，由于开关电源电路没有工作，直流300V电压下降很慢，为防止触电，应对滤波电容内的电压进行放电，见图6-9左图，此处将烙铁插头并在滤波电容两端约30s，再次测量两端电压接近0V，说明已将电压泄放完毕。

见图6-9右图，查看滤波电容正极至集成电路的⑧脚漏极D的供电流程：滤波电容正极→3.15A供电熔丝管F01→开关变压器T1一次供电绕组1-2引脚→集成电路IC1（VIPer22A）的⑤/⑥/⑦/⑧脚；滤波电容负极直接和IC1的①/②相连。

➡ 说明：图6-49右图红色箭头为正极供电流程，蓝色箭头为负极供电流程。

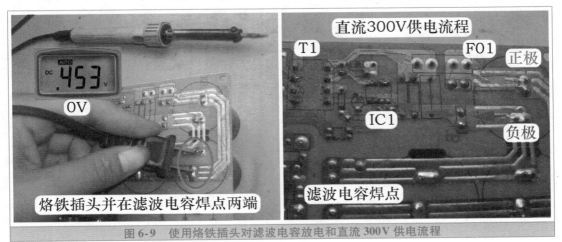

图6-9　使用烙铁插头对滤波电容放电和直流300V供电流程

**5. 测量开关变压器一次供电绕组阻值**

使用万用表电阻档，见图6-10左图，表笔接开关变压器一次供电绕组1-2引脚，正常应导通，实测阻值为无穷大，判断开路损坏。

为准确判断，将开关变压器从主板上拆下，见图6-10右图，测量阻值仍为无穷大，说明开路损坏。仔细查看引脚一面，有鼓包的痕迹。实测型号相同（TR2-15ST）的正常开关变压器1-2引脚阻值为5.3Ω。

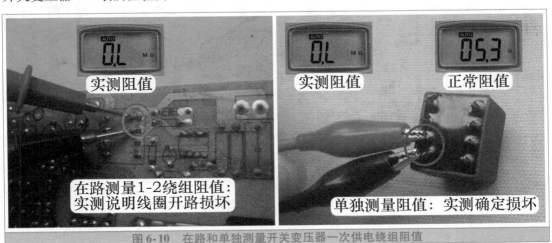

图6-10　在路和单独测量开关变压器一次供电绕组阻值

6. 更换开关变压器

见图 6-11，找一个型号相同的开关变压器（TR2-15ST），安装在室外机主板上面。需要注意的是，本机开关变压器一次绕组和二次绕组的引脚相同，均为 4 个，正方向和反方向均能安装在室外机主板上面，因此开关变压器表面和室外机主板上面图形均设计有豁口，安装时要将豁口对应，再安装开关变压器。

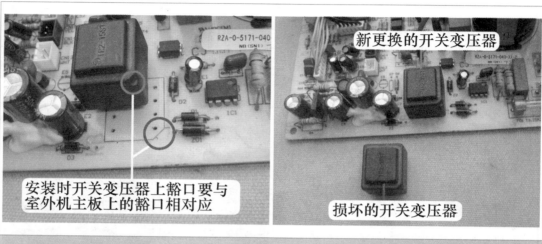

图 6-11　安装变压器注意事项和更换变压器

7. 测量直流 15V 电压

将室外机主板通上交流 220V 电源，见图 6-12，查看直流 12V 电压指示灯已经点亮，使用万用表直流电压档，测量 15V 电压负载电阻 R4 两端为稳定的直流 15V，测量直流 12V 电压负载电阻 R5 两端为稳定的直流 12V，说明开关电源电路已经正常工作。

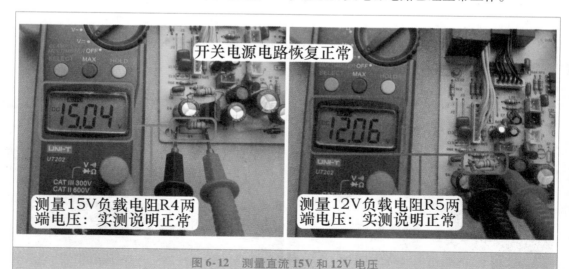

图 6-12　测量直流 15V 和 12V 电压

➡ 维修措施：更换开关变压器后开关电源电路正常工作。到用户家安装室外机主板，通电开机后压缩机和室外风机均开始运行，制冷恢复正常，故障排除。

### 三、 开关电源集成电路损坏

➡ **故障说明:** 海信 KFR-26GW/27BP 挂式交流变频空调器,用遥控器开机,室内机主板向室外机供电,压缩机和室外风机均不运行。

**1. 测量直流 300V 电压**

使用万用表交流电压档,见图 6-13,表笔接室外机主板去模块板的 P 和 N 端子引线,测量直流 300V 电压,正常值为直流 300V,而实测电压约为 0V,判断室外机电控系统出现故障。常见原因有直流 300V 负载短路或交流 220V 强电通路有开路故障,为判断原因,手摸 PTC 电阻,感觉温度很烫,判断故障为直流 300V 负载出现短路故障。

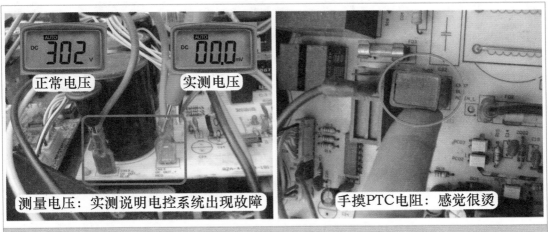

图 6-13 测量直流 300V 电压和手摸 PTC 电阻

**2. 测量模块和硅桥**

直流 300V 负载中模块 P-N 端子容易击穿损坏,因此断开空调器电源后,见图 6-14 左图,拔下模块板上 P、N、U、V、W 的 5 根引线,使用万用表二极管档测量 P-N 端子,实测正向导通、反向为无穷大,且 5 个端子之间均符合二极管特性,判断模块正常。

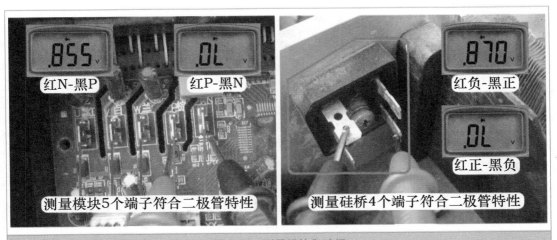

图 6-14 测量模块和硅桥

见图 6-14 右图，在实际检修中，如果硅桥内部二极管短路损坏也会引起直流 300V 电压为 0V、PTC 电阻发烫的故障，因此拔下硅桥的 4 根引线，测量 4 个端子之间也符合正向导通、反向截止的二极管特性，判断硅桥也正常。

**3. 断开开关电源电路熔丝管**

见图 6-15，直流 300V 电压负载中还有开关电源电路。查看开关电源电路时，发现一次电路中电阻 R08 有烧焦的痕迹，取下电路供电熔丝管（3.15A），再次通电开机，测量直流 300V 电压恢复正常，判断故障在开关电源电路。

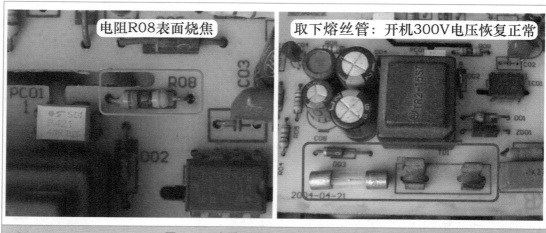

图 6-15　查看开关电源电路和断开熔丝管

**4. 在路测量集成电路和电阻**

开关电源集成电路 IC01（VIPer22A）中漏极 D（⑤/⑥/⑦/⑧）接直流 300V 正极，源极 S（①/②）接直流 300V 负极，使用万用表电阻档，见图 6-16 左图，测量 IC01 的⑧脚和①脚阻值，正常值应接近无穷大，实测阻值为 0Ω，判断 IC01 漏极和源极击穿损坏。

见图 6-16 右图，测量电阻 R08 阻值，正常阻值为 10Ω，而实测阻值约为 3MΩ，已接近无穷大，判断 R08 开路损坏。

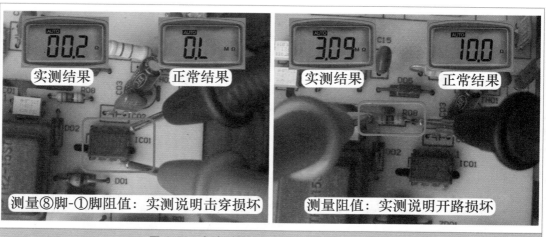

图 6-16　在路测量 VIPer22A 和电阻 R08 阻值

**5. 单独测量集成电路和电阻阻值**

使用烙铁取下 IC01 和 R08 后，使用万用表电阻档，见图 6-17，测量集成电路 VI-Per22A 的⑧脚和①脚阻值仍为 0Ω，电阻 R08 阻值仍约为 3MΩ，确定 IC01 短路损坏、R08 开路损坏。

使用万用表普查开关电源电路中的电子元器件，使用二极管档测量电路中 D02 符合正向导通、反向截止的二极管特性，判断正常，测量二次侧直流 12V 和直流 15V 整流二极管均正常，其他元器件也无短路或开路故障损坏。

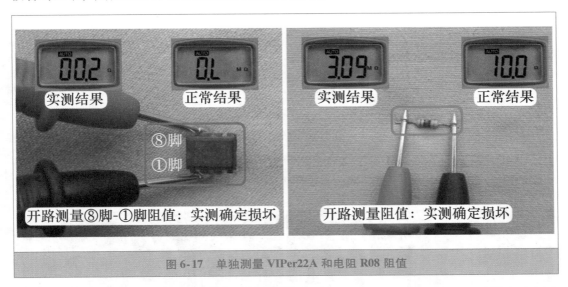

图 6-17　单独测量 VIPer22A 和电阻 R08 阻值

➡ **维修措施：** 见图 6-18，更换开关电源集成电路 VIPer22A 和 10Ω 电阻，更换后通电试机，室外机主板直流 12V 电压指示灯点亮，监测直流 300V 电压正常，压缩机和室外风机开始运行，故障排除。

图 6-18　更换 VIPer22A 和 10Ω 电阻

# 第二节 通信电路故障

## 一、室内机和室外机连接线接错

➡ **故障说明**：海信 KFR-26GW/11BP 挂式交流变频空调器，移机安装后开机，室内机主板向室外机供电，但室外机不运行，同时空调器不制冷。按压遥控器上的"传感器切换"键2次，显示板组件上"运行（蓝）-电源"指示灯点亮，显示代码含义为"通信故障"。

**1. 测量接线端子电压**

在室内机接线端子上使用万用表直流电压档，测量通信电路电压，见图 6-19 左图，黑表笔接 2 号 N 端子，红表笔接 4 号 SI 端子，将空调器接通电源但不开机即待机状态，实测为直流 24V，说明室内机主板通信电压产生电路正常。

使用遥控器开机，室内机主控继电器触点闭合为室外机供电，见图 6-19 右图，通信电压由直流 24V 上升至 30V 左右，而不是正常的 0～24V 跳动变化的电压，说明通信电路出现故障，使用万用表交流电压档测量 1 号 L 端子和 2 号 N 端子为交流 220V。

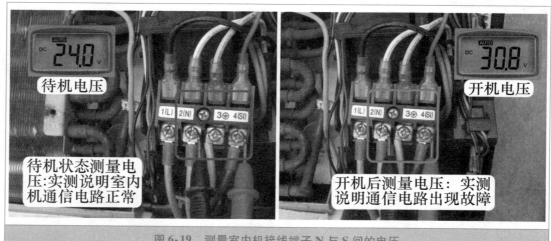

**图 6-19　测量室内机接线端子 N 与 S 间的电压**

**2. 测量室外机接线端子电压**

使用万用表交流电压档，测量室外机接线端子中的 1 号 L 端子和 2 号 N 端子电压为交流 220V，说明室内机输出的交流电源已送至室外机。

使用万用表直流电压档，见图 6-20 左图，黑表笔接 2 号 N 端子，红表笔接 4 号 SI 端子，测量通信电压约为直流 0V，说明通信信号未传送至室外机通信电路。由于室内机接线端子 2 号 N 端子与 4 号 S 端子有通信电压 24V，而室外机通信电压为 0V，说明通信信号出现断路。

使用万用表直流电压档，见图 6-20 右图，红表笔接 4 号 SI 端子不动，黑表笔接 1 号 L 端子，正常电压应接近 0V，而实测电压为直流 30V，和室内机线端子中的 2 号 N 端子与 4 号 S 端子电压相同，由于是移机的空调器，应检查室内外机连接线是否对应。

图 6-20 测量室外机 N 与 S、N 与 L 端子电压

3. 检查室内机和室外机接线端子引线

断开空调器电源，此机原配引线够长，中间未加长引线，仔细查看室内机和室外机接线端子上的引线颜色，见图 6-21，发现为 1 号 L 端子与 2 号 N 端子引线接反。

图 6-21 检查室内机和室外机接线端子引线

➡ 维修措施：对调室外机接线端子中的 1 号 L 端子和 2 号 N 端子引线位置，使室外机与室内机引线相对应，再次通电开机，室外机运行，空调器开始制冷，测量 2 号 N 端子和 4 号 SI 端子的通信电压在 0 ~ 24V 跳动变化。

**总 结：**

1) 根据图 6-23 所示的通信电路原理图，通信电压直流 24V 正极由电源 L 线降压、整流，与电源 N 线构成回路，因此 2 号 N 线具有双重作用，即与 1 号 L 线组合为交流 220V 为室外机供电，与 4 号 SI 线组合为室内机和室外机的通信电路提供回路。

2）本例1号L和2号N线接反后，由于交流220V无极性之分，因此室外机的直流300V、直流5V电压均正常，但室外机通信电路的公共端为电源L线，与4号SI线不能构成回路，通信电路中断，造成室外机不运行，室内机CPU因接收不到通信信号，约2min后停止为室外机供电，并报故障代码为"通信故障"。

3）遇到开机后室外机不运行、报故障代码为"通信故障"时，如果为新装机或刚移机未使用的空调器，应检查室内机和室外机的连接引线是否对应。

## 二、室内机通信电路降压电阻开路

➡ 故障说明：海信KFR-26GW/08FZBPC（a）挂式直流变频空调器，制冷开机室外机不运行，测量室内机接线端子上L与N间电压为交流220V，说明室内机主板已向室外机输出供电，但一段时间以后室内机主板主控继电器触点断开，停止向室外机供电，按压遥控器上的"高效"键4次，显示屏显示代码为"36"，含义为通信故障。

**1. 测量N与S端子间电压**

将空调器接通电源但不开机，使用万用表直流电压档，见图6-22左图，黑表笔接室内机接线端子上零线N，红表笔接S，测量通信电压，正常为轻微跳动变化的直流24V，实测电压为0V，说明室内机主板有故障（注意：此时已将室外机引线去掉）。

见图6-22右图，黑表笔不动，红表笔接24V稳压二极管ZD1正极，电压仍为直流0V，判断直流24V电压产生电路出现故障。

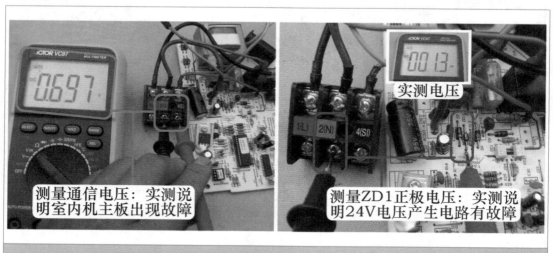

图6-22　测量室内机接线端子通信电压和主板直流24V电压

**2. 直流24V电压产生电路工作原理**

海信KFR-26GW/08FZBPC（a）室内机通信电路直流24V电压产生电路原理图见图6-23，实物图见图6-24，交流220V电压中L端经电阻R10降压、二极管D6整流、电解电容E02滤波、稳压二极管（稳压值24V）ZD1稳压，与电源N端组合在E02两端形成稳定的直流24V电压，为通信电路供电。

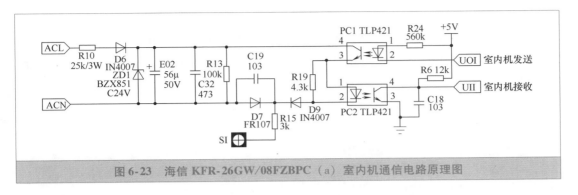

图 6-23  海信 KFR-26GW/08FZBPC（a）室内机通信电路原理图

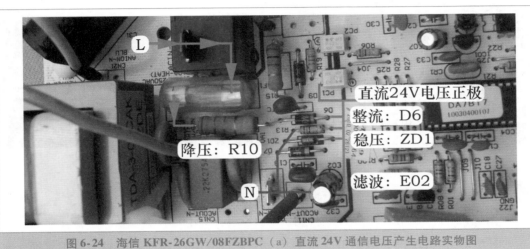

图 6-24  海信 KFR-26GW/08FZBPC（a）直流 24V 通信电压产生电路实物图

### 3. 测量降压电阻两端电压

由于降压电阻为通信电路供电，因此使用万用表交流电压档，见图 6-25，黑表笔不动依旧接零线 N 端，红表笔接降压电阻 R10 下端，测量电压，实测约为 0V；红表笔测量 R10 上端电压为交流 220V 等于供电电压，初步判断 R10 开路。

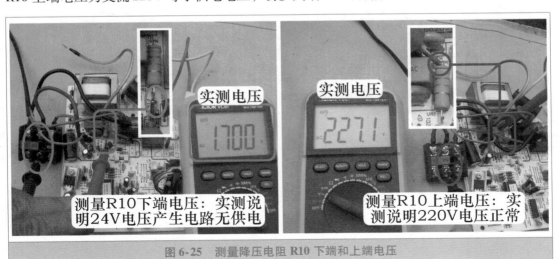

图 6-25  测量降压电阻 R10 下端和上端电压

#### 4. 测量 R10 阻值

断开室内机主板供电,使用万用表电阻档,见图 6-26,测量电阻 R10 阻值,正常为 25kΩ,在路测量阻值为无穷大,说明 R10 开路损坏;为准确判断,将其取下后,单独测量阻值仍为无穷大,确定开路损坏。

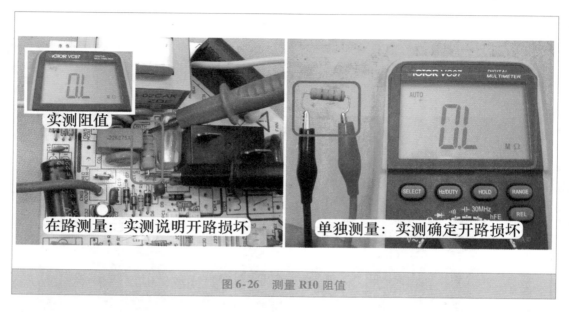

图 6-26　测量 R10 阻值

#### 5. 更换电阻

见图 6-27 和图 6-28,电阻 R10 参数为 25kΩ/3W,由于没有相同型号电阻更换,实际维修时选用 2 个电阻串联代替,1 个为 15kΩ/2W,1 个为 10kΩ/2W,串联后安装在室内机主板上面。

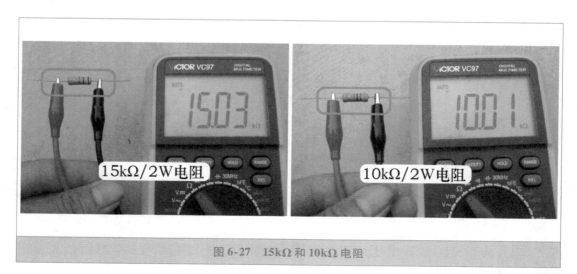

图 6-27　15kΩ 和 10kΩ 电阻

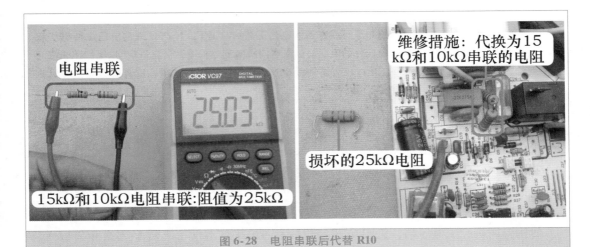

图 6-28　电阻串联后代替 R10

6. 测量通信电压和 R10 下端电压

将空调器接通电源，使用万用表直流电压档，见图 6-29 左图，黑表笔接室内机接线端子上的零线 N 端，红表笔接 S 端测量电压为直流 24V，说明通信电压恢复正常。

万用表改用交流电压档，见图 6-29 右图，黑表笔不动，红表笔接电阻 R10 下端，测量电压，实测为交流 135V。

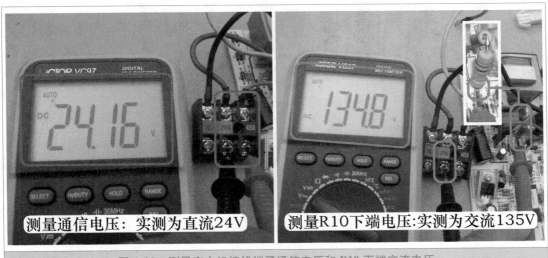

图 6-29　测量室内机接线端子通信电压和 R10 下端交流电压

➡ 维修措施：见图 6-28 右图，代换降压电阻 R10。代换后恢复线路试机，遥控器开机后室外风机运行，约 10s 后压缩机开始运行，制冷恢复正常。

总　结：

1）本例通信电路专用电压的降压电阻开路，使得通信电路没有工作电压，室内机和室外机的通信电路不能构成回路，室内机 CPU 发送的通信信号不能传送到室外机，室外机 CPU 也不能接收和发送通信信号，压缩机和室外风机均不能运行，室内机 CPU 因接收不到室外机传送的通信信号，约 2min 后停止向室外机供电，并记忆故障代码为"通信故障"。

　　2）用遥控器开机后，室外机得电工作，在通信电路正常的前提下，N 与 S 端的电压由待机状态的直流 24V，立即变为 0 ~ 24V 跳动变化的电压。如果室内机向室外机输出交流 220V 供电后，通信电压不变仍为直流 24V，说明室外机 CPU 没有工作或室外机通信电路出现故障，应首先检查室外机的直流 300V 和 5V 电压，再检查通信电路元器件。

### 三、　室外机通信电路分压电阻开路

➡ **故障说明：** 海信 KFR-26GW/11BP 挂式交流变频空调器，用遥控器开机后，压缩机和室外风机均不运行，同时不制冷。

**1. 测量室内机接线端子通信电压**

　　使用万用表交流电压档，见图 6-30，测量室内机接线端子上 1 号 L 相线和 2 号 N 零线电压为交流 220V，说明室内机主板已向室外机供电；将档位改用直流电压档，黑表笔接室内机接线端子 2 号 N 零线，红表笔接 4 号通信 S 线，测量通信电压，正常值在待机时为稳定的直流 24V 电压，在室内机向室外机供电时，变为 0 ~ 24V 跳变电压，而实测待机状态为直流 24V，用遥控器开机后室内机主板向室外机供电，通信电压仍为直流 24V 不变，说明通信电路出现故障。

图 6-30　测量室内机接线端子通信电压

**2. 故障代码**

　　取下室外机外壳，观察到室外机主板上直流 12V 电压指示灯常亮，初步判断直流 300V 和 12V 电压均正常，使用万用表直流电压档测量直流 300V、12V、5V 电压均正常。

　　见图 6-31，查看模块板上指示灯闪 5 次，报故障代码含义为"通信故障"；按压遥控器上"传感器切换"键 2 次，室内机显示板指示灯显示故障代码为"运行（蓝）、电源"灯亮，代码含义为"通信故障"。

　　室内机 CPU 和室外机 CPU 均报"通信故障"的代码，说明室内机 CPU 已发送通信信号，但同时室外机 CPU 未接收到通信信号，同时开机后通信电压为直流 24V 不变，判断通信电路中有开路故障，重点检查室外机通信电路。

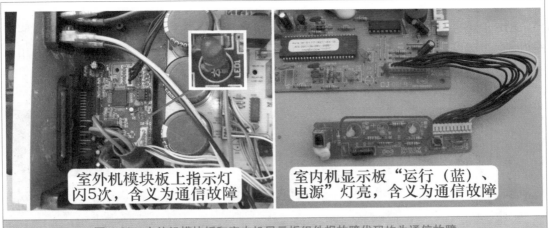

图6-31　室外机模块板和室内机显示板组件报故障代码均为通信故障

### 3. 测量室外机通信电路电压

在空调器接通电源但不开机即处于待机状态时，见图6-32，黑表笔接电源N零线，红表笔接室外机主板上的通信S线（①处），实测电压为直流24V，和室外机接线端子上电压相同。

红表笔接分压电阻R16上端（②处），实测电压为直流24V，说明PTC电阻TH01阻值正常。

红表笔接分压电阻R16下端（③处），正常应和②处电压相同，而实测电压为直流0V，初步判断R16阻值开路。

红表笔接发送光耦次级侧集电极引脚（④处），实测电压为0V，和③处电压相同。

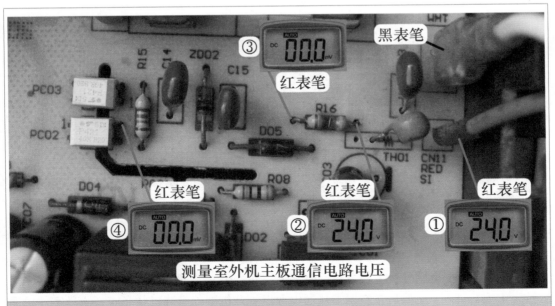

图6-32　测量室外机主板通信电路电压

#### 4. 测量 R16 阻值

R16 上端（②处）电压为直流 24V，而下端（③处）电压为直流 0V，可大致说明开路损坏，断开空调器电源，待直流 300V 电压下降至直流 0V 时，见图 6-33，使用万用表电阻档测量 R16 阻值，正常值为 4.7kΩ，实测阻值为无穷大，判断开路损坏。

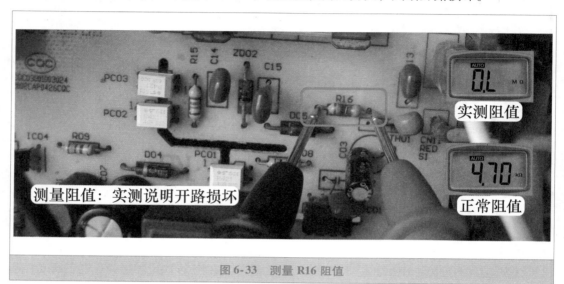

图 6-33　测量 R16 阻值

#### 5. 更换 R16 分压电阻

见图 6-34，此机室外机主板通信电路分压电阻使用 4.7kΩ/0.25W，在设计时由于功率偏小，容易出现阻值变大甚至开路故障，因此在更换时应选用加大功率、阻值相同的电阻，本例在更换时选用 4.7kΩ/1W 的电阻。

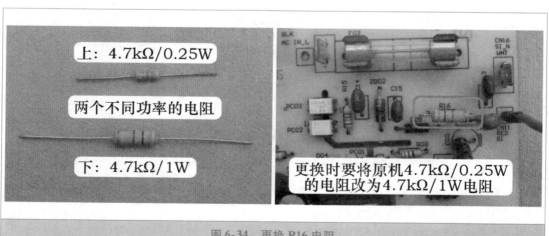

图 6-34　更换 R16 电阻

➡ 维修措施：更换室外机主板分压电阻 R16，见图 6-34 右图，参数由原 4.7kΩ/0.25W，更换为 4.7kΩ/1W。更换后在空调器接通电源但不开机即处于待机状态时，测量室外机通信电路电压见图 6-35。

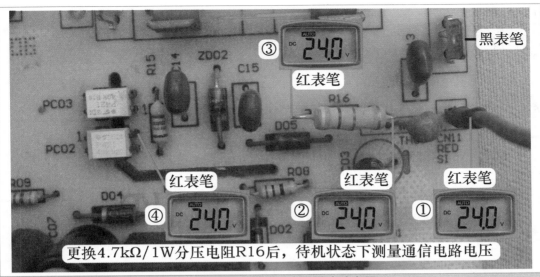

图 6-35　测量室外机主板通信电路电压

**总结：**

　　本例由于分压电阻开路，通信信号不能送至室外机的接收光耦合器，使得室外机 CPU 接收不到室内机 CPU 发送的通信信号，因此通过模块板上指示灯报故障代码为"通信故障"，并不向室内机 CPU 反馈通信信号；而室内机 CPU 因接收不到室外机 CPU 反馈的通信信号，2min 后停止向室外机的交流 220V 供电，并记忆故障代码为"通信故障"。

**经验：**

**判断 4.7kΩ 分压电阻是否开路的简单方法**

　　1）测量接线端子通信电压，待机状态下为直流 24V，用遥控器开机，室内机主板向室外机供电后电压仍为直流 24V 不变，可说明室外机通信电路没有工作。

　　2）测量 4.7kΩ 分压电阻上端电压为直流 24V，下端电压为直流 0V，两端压差超过 3V，即可判断分压电阻开路损坏。

　　3）早期主板中 4.7kΩ 分压电阻阻值容易变大或开路损坏，主要原因是电阻功率选用 0.25W 相对较小，而通信电路中电流过大而导致，见图 6-36，后期主板已将 4.7kΩ 分压电阻功率改为 1W 或 2W。

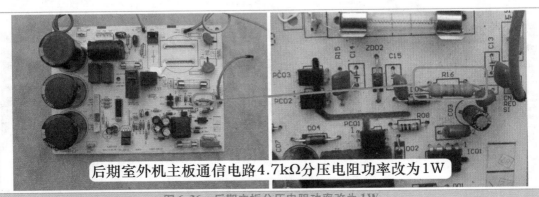

图 6-36　后期主板分压电阻功率改为 1W

## 第三节　电路常见故障

### 一、压缩机排气传感器分压电阻开路

➡ **故障说明：** 海信 KFR-26GW/27FZBPE 挂式直流变频空调器，用户反映不制冷，检查室外风机运行，但压缩机不运行，取下室外机外壳，观察室外机主板 LED1 亮，LED2 和 LED3 灭，查看故障代码含义为"压缩机排气传感器故障"；按压遥控器上"高效"键 4 次，室内机显示屏显示代码为"02"，含义仍为"压缩机排气传感器故障"，说明室外机主板传感器电路出现故障。图 6-37 为室外机传感器电路原理图。

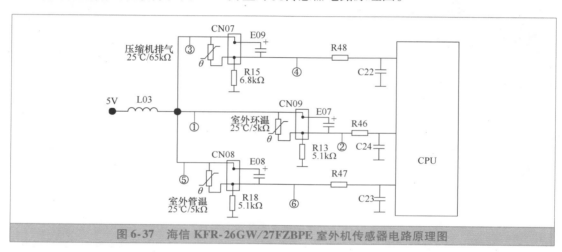

图 6-37　海信 KFR-26GW/27FZBPE 室外机传感器电路原理图

**1. 测量传感器电路电压**

使用万用表直流电压档，见图 6-38，黑表笔接室外机主板直流 5V 电压地，红表笔接传感器插座，测量电压，此时室外环温约 35℃。

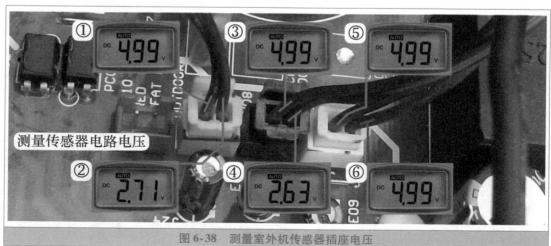

图 6-38　测量室外机传感器插座电压

测量室外环温传感器（OUTD00K）黄色插座 CN09，供电电压（①处）为直流 5V，分压点电压（②处）为直流 2.7V，判断室外环温传感器分压电路正常。

测量室外管温传感器（COIL）黑色插座 CN08，供电电压（③处）为直流 5V，分压点电压（④处）为直流 2.6V，判断室外管温传感器分压电路正常。

测量压缩机排气传感器（COMP）白色插座 CN07，供电电压（⑤处）为直流 5V，分压点电压（⑥处）也为直流 5V，说明压缩机排气传感器分压电路出现故障。

➡ 说明：此机未设压缩机顶盖温度开关，因此室外机主板上相应插座为空。

2. 测量压缩机排气传感器阻值

拔下压缩机排气传感器插头，见图 6-39，使用万用表电阻档测量插头阻值，实测阻值约为 37kΩ，判断传感器阻值正常，应检查分压电阻阻值。

➡ 说明：压缩机排气传感器阻值为 25℃/65kΩ。

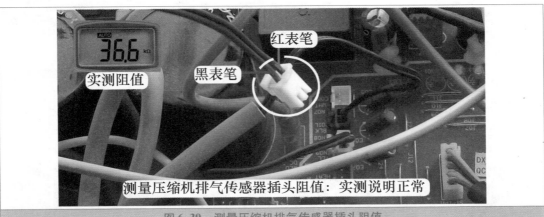

图 6-39 测量压缩机排气传感器插头阻值

3. 测量压缩机排气传感器分压电阻阻值

此机分压电阻使用贴片型式，安装在室外机主板背面，因此断开空调器电源，待开关电源电路停止工作后，取下室外机主板，使用万用表电阻档，见图 6-40，测量分压电阻 R15 阻值，正常为 6.8kΩ，实测阻值为无穷大，说明开路损坏。

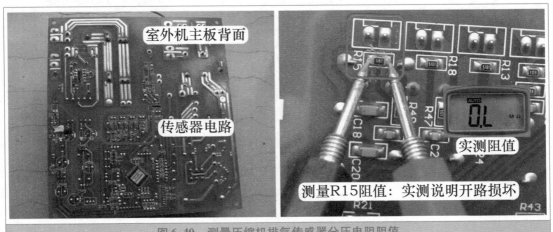

图 6-40 测量压缩机排气传感器分压电阻阻值

**4. 压缩机排气传感器分压电阻**

R15 为贴片电阻，见图 6-41，表面数字 682，阻值为 6.8kΩ，由于没有相同阻值的贴片电阻，选用阻值相同的五环精密电阻代换。

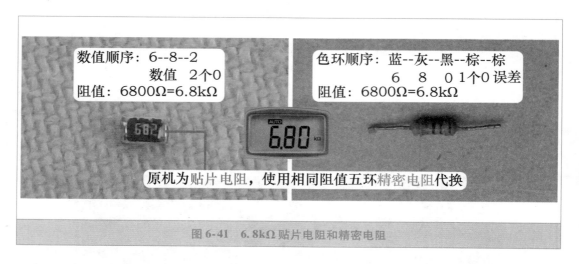

数值顺序：6--8--2
数值 2个0
阻值：6800Ω=6.8kΩ

色环顺序：蓝--灰--黑--棕--棕
6 8 0 1个0 误差
阻值：6800Ω=6.8kΩ

原机为贴片电阻，使用相同阻值五环精密电阻代换

图 6-41  6.8kΩ 贴片电阻和精密电阻

➡ 维修措施：见图 6-42，使用五环精密电阻 6.8kΩ 代换贴片电阻 R15。

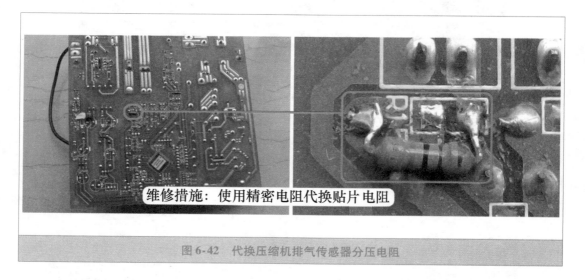

维修措施：使用精密电阻代换贴片电阻

图 6-42  代换压缩机排气传感器分压电阻

安装室外机主板引线，再将空调器接通电源并使用遥控器开机，见图 6-43，使用万用表直流电压档测量压缩机排气传感器插座分压点（⑥处）电压，室外机未运行时待机电压为直流 0.8V（此时阻值为 37kΩ），室外风机运行后约 15s 压缩机开始运行，空调器开始制冷，随着压缩机运行，排气管温度也逐渐升高，排气传感器阻值也逐渐下降，因此分压点电压逐渐上升，运行约 7min 后，分压点电压稳定，实测为直流 2.53V，此时拔下压缩机排气传感器插头，使用万用表电阻档测量阻值约为 6.8kΩ。

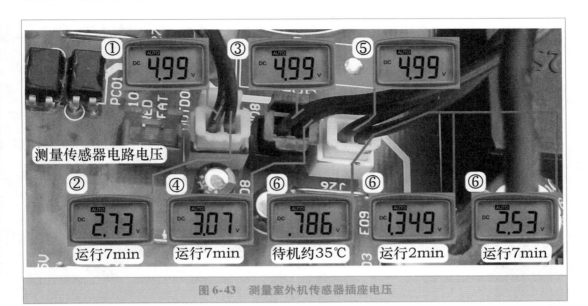

测量传感器电路电压

① 4.99 V　③ 4.99 V　⑤ 4.99 V

② 2.73 V　④ 3.07 V　⑥ .786 V　⑥ 1.349 V　⑥ 2.53 V

运行7min　运行7min　待机约35℃　运行2min　运行7min

图6-43　测量室外机传感器插座电压

## 二、室内管温传感器阻值变小

➡ **故障说明：** 海信 KFR-45LW/39BP 柜式交流变频空调器，先前由同事维修，用遥控器开机后室外风机和压缩机均不运行，检查室外机主板直流 300V、12V、5V 电压均正常，判断室外机主板损坏，见图6-44，经更换后故障依旧，又判断为室内机主板故障，在更换时邀请笔者一起去用户家维修。

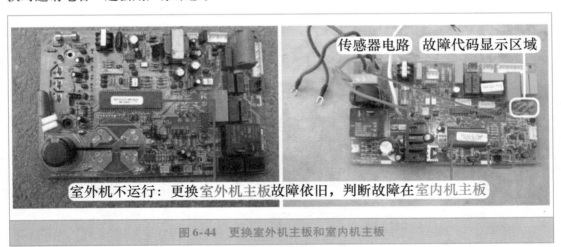

传感器电路　故障代码显示区域

室外机不运行：更换室外机主板故障依旧，判断故障在室内机主板

图6-44　更换室外机主板和室内机主板

### 1. 测量接线端子电压

上门检查，取下室内机进风格栅，短接门开关引线，在更换室内机主板前测量室内机的关键点电压。

使用万用表交流电压档，见图6-45左图，用遥控器开机后测量室内机接线端子1号 L 和2号 N 零线电压为交流 220V，说明室内机主板已向室外机输出供电。

将档位换为直流电压档，见图6-45右图，黑表笔接2号 N 零线，红表笔接4号通信

S 线，测量通信电压，开机后为 0 ~ 24V 跳动变化的正常电压，判断室外机主板 CPU 工作正常，且通信电路也工作正常。

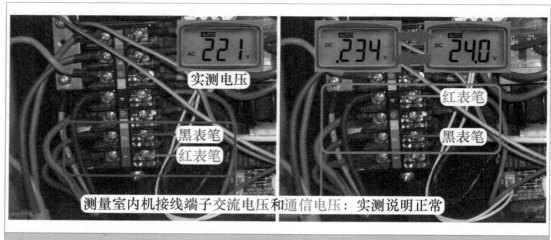

图 6-45　测量室内机接线端子交流 220V 电压和通信电压

**2. 测量传感器电路电压**

使用万用表直流电压档，见图 6-46，黑表笔接室内机主板 7805 中间引脚地，红表笔测量室内机环温和管温传感器插座电压，此时室内温度约为 30℃。

测量室内环温传感器（ROOM）红色插座 CN11，供电电压（①处）为直流 5V，分压点电压（②处）为直流 2.7V；测量室内管温传感器（COIL）黑色插座 CN12，供电电压（③处）为直流 5V，分压点电压（④处）为直流 4.7V；同一温度下环温分压点和管温分压点电压相差约 2V，初步判断室内管温传感器分压电路出现故障。

➡ 说明：本处图片只是为便于理解，实际测量时环温和管温传感器均安装在插座上面。

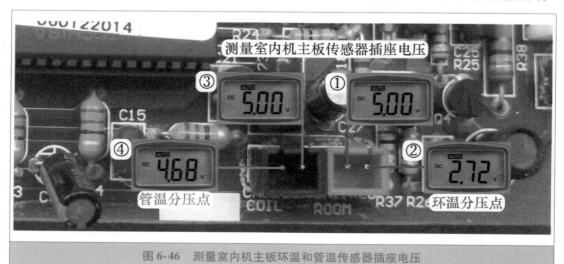

图 6-46　测量室内机主板环温和管温传感器插座电压

**3. 测量传感器阻值**

拔下室内环温和室内管温传感器插头，见图 6-47，使用万用表电阻档测量阻值，实测管温传感器阻值为 357Ω，环温传感器阻值约为 4kΩ，管温传感器阻值正常时应和环温传感器相等约为 5kΩ，根据测量结果判断管温传感器阻值变小损坏。

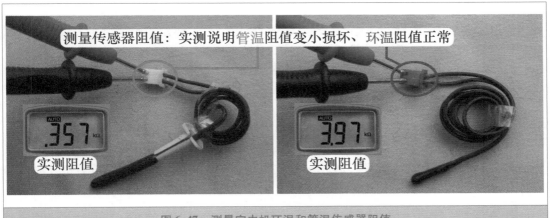

图 6-47　测量室内机环温和管温传感器阻值

➡ 维修措施：见图 6-48 左图，更换管温传感器。

应急措施：由于管温传感器安装在蒸发器管壁上面，需要取下室内机上面板和蒸发器挡板才能更换，应急试机见图 6-48 右图，可将待更换的管温传感器探头插在室内外机连接管道中粗管（回气管）保温套之中，并使探头紧靠粗管。

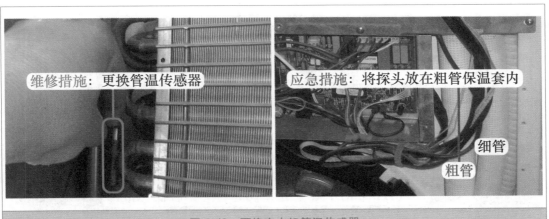

图 6-48　更换室内机管温传感器

---

总 结：

1）定频空调器管温传感器阻值变大或变小损坏，通常表现为室内机主板不向室外机供电。如果输出交流电压，压缩机和室外风机运行，系统就开始制冷，由于传感器损坏，不能正确检测蒸发器温度，会导致系统进入不正常的状态。

2）变频空调器室内机和室外机均设有电控系统，主板 CPU 通过通信电路传送信号，即使室内机出现故障（如室内管温传感器损坏），室内机主板向室外机供电后，将温度信号和控制命令经通信电路传送至室外机 CPU，可控制压缩机和室外风机均不运行。

3) 海信目前变频空调器室外机主板或模块板的指示灯为 3 个，可以显示室内机或室外机的故障代码，室内机出现故障（如传感器电路或室内风机损坏），均能在室外机显示，因此室内机故障时通常可以向室外机供电。

4) 海信早期变频空调器室外机故障代码指示灯通常只有 1 个，不能显示室内机的故障代码，当室内机出现故障时，通常不向室外机供电，和定频空调器基本相同。

5) 从本例也可以看出，即使元件出现相同的故障，不同时期的电控系统表现出的故障现象也不一样，在维修时需要注意。

## 三、 存储器数据错误

➡ 故障说明：海信 KFR-28GW/39MBP 挂式交流变频空调器，遥控器开机后室外风机和压缩机均不运行，空调器不制冷。

**1. 查看室外机**

将空调器接通电源，用遥控器开机，室外风机和压缩机均不运行，室内风机吹出自然风，取下室外机顶盖，见图 6-49，查看室外机主板直流 12V 电压指示灯亮，判断开关电源电路已正常工作，查看模块板时，发现上面 3 个指示灯 LED1、LED2、LED3 全部点亮，查看故障代码为"室外机存储器故障"。本机室外机存储器型号为 24C02。

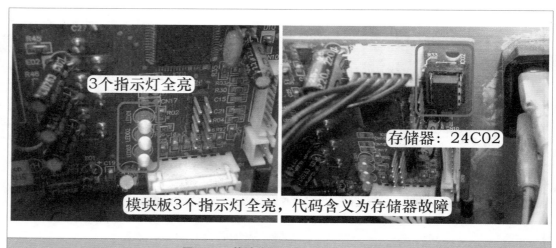

图 6-49　故障代码和存储器安装位置

**2. 测量存储器工作电压**

使用万用表直流电压档，见图 6-50 左图，黑表笔接存储器④脚地（此机①/②/③/④脚相连，实接①脚），红表笔接⑧脚，测量电压，实测为直流 5V，说明电压正常。

断开空调器电源，待室外机主板停止工作后，取下存储器，见图 6-50 右图，查看外观完好，由于硬件一般不会损坏，初步判断内部数据丢失或错误，导致 CPU 上电复位检测时判断为故障。

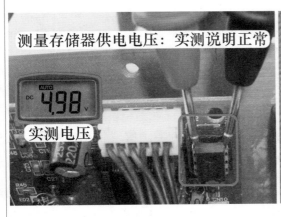

图6-50 测量存储器供电电压和实物外观

➡ **维修措施**：见图6-51，由于新购的存储器24C02内部数据为空白状态，使用编程器写入和空调器型号相同的数据，安装在模块板，室外机通电后模块板上3个指示灯全部熄灭，不再报"存储器故障"的代码，遥控器开机后，压缩机和室外风机开始运行，制冷正常，故障排除。

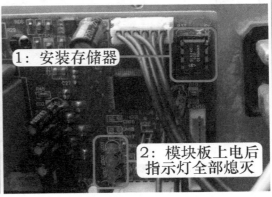

图6-51 写入数据的存储器并更换

总 结：

1）存储器数据容易丢失，在室外机通电时报"存储器故障"的代码，此时不需要更换室外机主板或模块板，只需要购买一片同型号存储器或使用原存储器，再使用编程器写入相对应空调器型号的数据即可。

2）本机更换存储器时如果内部数据空白，即新购买的存储器未写数据直接安装，则模块板同样报"存储器故障"。

## 四、　电压检测电路中电阻开路

➡ 故障说明：海信 KFR-26GW/11BP 挂式交流变频空调器，遥控器开机后室外机有时根本不运行，有时运行一段时间，但运行时间不固定，有时 10min，有时 15min 或更长。

### 1. 测量直流 300V 电压

在室外机停止运行后，取下室外机外壳，见图 6-52 左图，观察模块板指示灯闪 8 次报出故障代码，含义为"过欠电压"故障；在室内机按压遥控器上的"传感器切换"键 2 次，室内机显示板组件上"定时"灯亮报出故障代码，含义仍为"过欠电压"故障，室内机和室外机同时报"过欠电压"故障，判断电压检测电路出现故障。

本机电压检测电路使用检测直流 300V 母线电压的方式。电路原理为几个电阻组成分压电路，输出代表直流 300V 的参考电压，室外机 CPU 引脚通过计算得出输入的实际交流电压，从而对空调器进行控制。

出现此故障应测量直流 300V 电压是否正常，使用万用表直流电压档，见图 6-52 右图，黑表笔接模块板上的 N 端子，红表笔接 P 端子，正常电压为直流 300V，实测电压为直流 315V 也正常，此电压由交流 220V 经硅桥整流、滤波电容滤波得出，如果输入的交流电压高，则直流 300V 也相应升高。

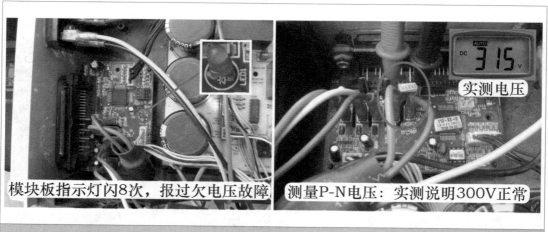

图 6-52　故障代码和测量直流 300V 电压

### 2. 测量直流 15V 和 5V 电压

由于模块板 CPU 工作电压 5V 由室外机主板提供，因此应测量电压是否正常，使用万用表直流电压档，见图 6-53，黑表笔不动接模块的 N 端子，红表笔接 3 芯插座 CN4 中的左侧白线，实测为直流 15V，此电压为模块内部控制电路供电；红表笔接右侧红线，实测为直流 5V，判断室外机主板为模块板提供的直流 15V 和 5V 电压均正常。

➡ 说明：如果室外机主板开关电源电路直流 12V 滤波电容 C08 引脚虚焊，室外机不运行，模块板指示灯闪 8 次报"过欠电压"故障，实测直流 5V 为 3V 左右，更换模块板不会排除故障，故障点在室外机主板，因此本例维修时应确定故障位置。

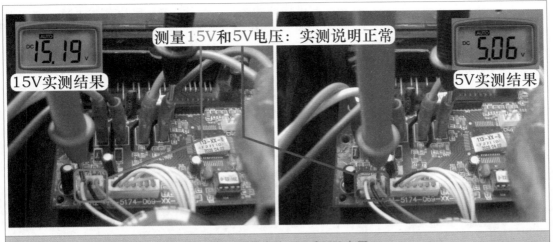

图 6-53　测量直流 15V 和 5V 电压

**3. 测量电压检测电路电压**

图 6-54 为室外机电压检测电路原理图，在室外机不运行即静态，使用万用表直流电压档，见图 6-55，黑表笔接模块的 N 端子不动，红表笔测量电压检测电路的关键点电压。

红表笔接 P 接线端子（①处），测量直流 300V 电压，实测为直流 315V，说明正常。

红表笔接 R19 和 R20 相交点（②处），实测电压在直流 150～180V 跳动变化，由于 P 接线端子电压稳定不变，判断电压检测电路出现故障。

红表笔接 R20 和 R21 相交点（③处），实测电压在直流 80～100V 跳动变化。

红表笔接 R21 和 R12 相交点（④处），实测电压在直流 3.9～4.5V 跳动变化。

红表笔接 R12 和 R14 相交点（⑤处），实测电压在直流 1.9～2.4V 跳动变化。

红表笔接 CPU 电压检测引脚即㉝脚，实测电压也在直流 1.9～2.4V 跳动变化，和⑤处电压相同，判断电阻 R22 阻值正常。

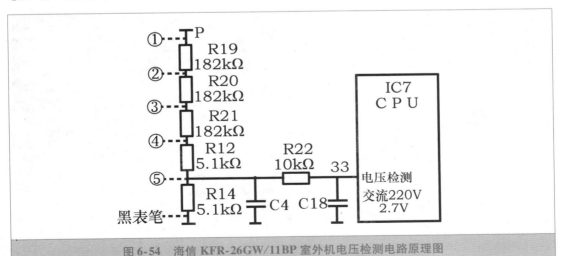

图 6-54　海信 KFR-26GW/11BP 室外机电压检测电路原理图

使用遥控器开机，室外风机和压缩机均开始运行，直流 300V 电压开始下降，此时测量 CPU 的 ㉝脚电压也逐渐下降；压缩机持续升频，直流 300V 电压也下降至约 250V，CPU㉝脚电压约为 1.7V，室外机运行约 5min 后停机，模块板上指示灯闪 8 次，报故障代码为"过欠电压"故障。

静态和动态测量均说明电压检测电路出现故障，应使用万用表电阻档测量电路容易出现故障的降压电阻阻值。

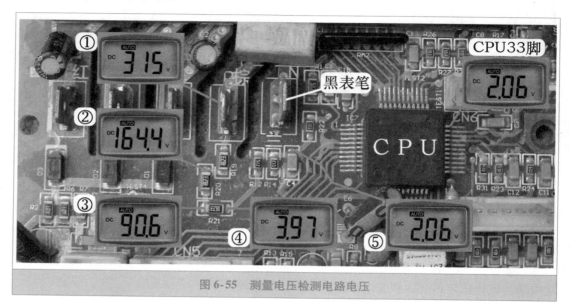

图 6-55　测量电压检测电路电压

### 4. 测量电阻阻值

断开空调器电源，待室外机主板开关电源电路停止工作后，使用万用表电阻档测量电路中分压电阻的阻值，见图 6-56，测量电阻 R19 阻值无穷大为开路损坏，电阻 R20 阻值为182kΩ 判断正常，电阻 R21 阻值无穷大为开路损坏，电阻 R12、R14、R22 阻值均正常。

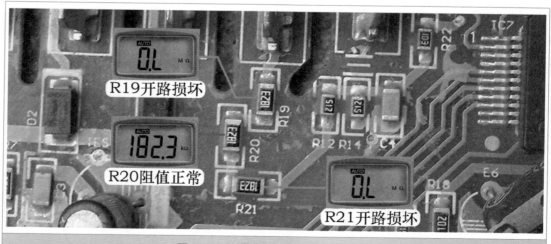

图 6-56　测量电压检测电路电阻阻值

5. 电阻阻值

见图 6-57，电阻 R19、R21 为贴片电阻，表面数字 1823 代表阻值，正常阻值为 182kΩ，由于没有相同型号的贴片电阻更换，因此选择阻值接近的五环精密电阻进行代换。

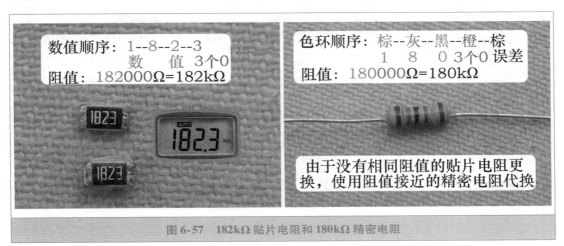

图 6-57　182kΩ贴片电阻和 180kΩ精密电阻

➡ 维修措施：见图 6-58，使用 2 个 180kΩ 的五环精密电阻，代换阻值为 182kΩ 的贴片电阻 R19、R21。

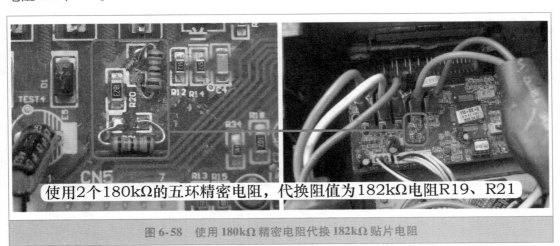

图 6-58　使用 180kΩ 精密电阻代换 182kΩ 贴片电阻

拔下模块板上 3 个一束的传感器插头，再使用遥控器开机，室内机主板向室外机供电后，室外机主板开关电源电路开始工作向模块板供电，由于室外机 CPU 检测到室外环温、室外管温、压缩机排气传感器均处于开路状态，因此报出相应的故障代码，并且控制压缩机和室外风机均不运行，此时相当于待机状态，见图 6-59，使用万用表直流电压档测量电压检测电路中的电压，实测均为稳定电压不再跳变，直流 300V 电压实测为 315V 时，CPU 电压检测㉝脚实测为 2.88V。恢复线路后再次使用遥控器开机，室外风机和压缩机均开始运行，当直流 300V 电压降至直流 250V，实测 CPU㉝脚电压约 2.3V，长时间运行不再停机，制冷恢复正常，故障排除。

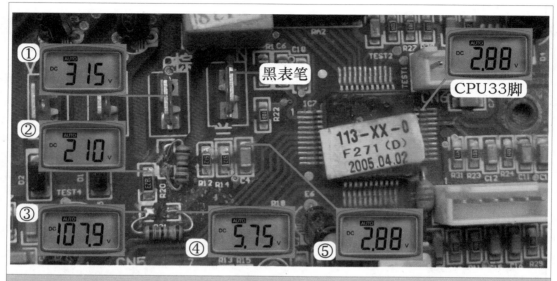

图 6-59　测量正常的电压检测电路电压

总结：

1）电压检测电路中电阻 R19 上端接模块的 P 端子，由于长时间受直流 300V 电压冲击，其阻值容易变大或开路，在实际维修中由于 R19、R20、R21 开路或阻值变大损坏，占到一定比例，属于模块板上的常见故障。

2）本例电阻 R19、R21 开路，其下端电压均不为直流 0V，而是具有一定的感应电压，检测 CPU 电压检测㉝引脚分析处理后，判断交流输入电压在适合工作的范围以内，因而室外风机和压缩机可以运行；而压缩机持续升频，直流 300V 电压逐渐下降，CPU 电压检测引脚电压也逐渐下降，当超过检测范围，则控制室外风机和压缩机停机进行保护，并报出"过欠电压"的故障代码。

3）在实际维修中，也遇到过电阻 R19 开路，室外机通电后并不运行，模块板直接报出"过欠电压"的故障代码。

4）如果电阻 R12（5.1kΩ）开路，CPU 电压检测㉝脚的电压约为直流 5.7V，室外机通电后室外风机和压缩机均不运行，模块板指示灯闪 8 次报出"过欠电压"故障的代码。

# 第七章

## 变频空调器室外机强电通路故障

Chapter **7**

---

## 第一节 室外机不运行故障

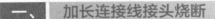

### 一、加长连接线接头烧断

➡ **故障说明**：海信 KFR-50LW/27BP 柜式交流变频空调器，用遥控器开机后不制冷，室内风机运行约 1min 后自动关闭，约 30s 后又自动打开，到室外机检查，室外机不运行。

**1. 测量室内机接线端子 N 与 S 电压**

取下室内机的进风格栅，由于此机带有门开关保护，正常情况下，如果取下进风格栅，门开关断开，室内机 CPU 会控制室内风机停止运行、室外机停机，因此应首先将门开关触点人为闭合，可以使用胶带粘住门开关使其闭合，或直接剪断引线，剥开适当长度的绝缘层后将连接线接在一起，这样才能检修空调器。

取下室内机电控盒外壳，遥控器开机后，使用万用表交流电压档测量接线端子上 1 号 L 和 2 号 N 端子电压为交流 220V，说明正常，将档位改用直流电压档，见图 7-1 左图，黑表笔接 2 号 N 端子，红表笔接 4 号 S 端子，测量通信电压，约为直流 140V，明显高于正常的 0～24V 跳动变化的范围。用遥控器关机，室内机主控继电器触点断开，即待机状态下，N 与 S 电压仍为直流 140V 左右。

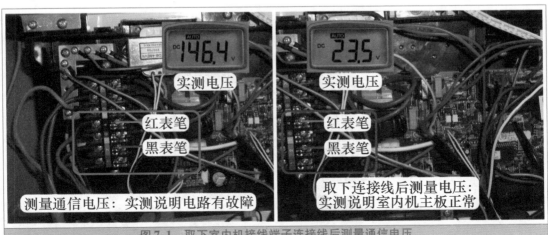

图 7-1 取下室内机接线端子连接线后测量通信电压

195

**2. 断开室内外机连接线后测量通信电压**

断开空调器电源，在室内机接线端子上取下室外机连接线的4根引线，再将空调器接通电源但不开机，见图7-1右图，使用万用表直流电压档，黑表笔接2号N端子，红表笔接4号S端子，测量通信电压，正常为直流24V，实测电压说明室内机主板正常。

**3. 测量室外机接线端子电压**

恢复室内机接线端子的连接线，用遥控器开机，待室内机主控继电器触点闭合后向室外机供电，去室外机测量电压，见图7-2左图，使用万用表交流电压档，黑表笔接2号N端子，红表笔接1号L端子，测量供电电压为交流0V。

见图7-2右图，将万用表改用直流电压档，黑表笔不动，红表笔接4号S端子，测量通信电压为直流0V，由于在室内机接线端子上测量L-N电压为交流220V，N-S电压为直流140V左右，而在室外机测量电压均为0V，判断室内外机连接线出现断路故障。

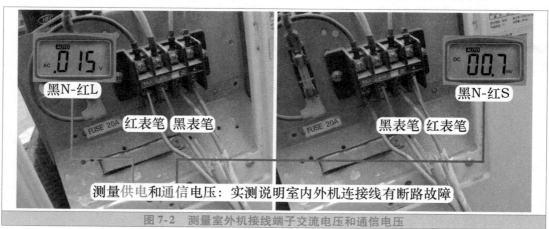

图7-2 测量室外机接线端子交流电压和通信电压

**4. 检查连接线中间烧断**

此机室外机在房顶上面放着，室内机和室外机距离较远约有9m，安装空调器时加长约5m管线，因此首先检查原装线与加长线的接头，见图7-3，发现已经熔在一起，有烧断的痕迹。用户反映，此部位半年以前曾发生过类似的故障，前维修人员包扎过后当时能使用，现又出现故障，希望能彻底地处理一下。

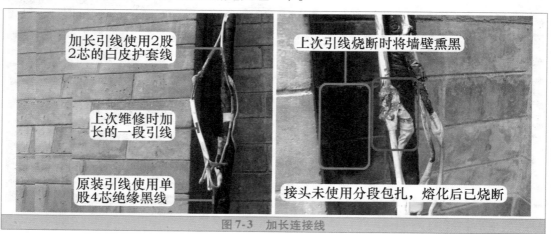

图7-3 加长连接线

**5. 连接线接头分段包扎**

由于护套线不能防水，且线径较细，使用时因接头发热量大而烧断，此例维修时更换加长的连接线，选用黑皮的防水线，但由于单股 4 芯引线不容易购买，考虑到室内机的地线接铁板，且与连接的铜管相通，所以室外机的金属部分通过连接铜管和室内机的地线相通，因此选用单股 3 芯的黑皮引线，见图 7-4，只连接 1 号电源相线 L、2 号电源零线 N、4 号通信线 S，取消 3 号地线，加长引线时将接头分段包扎（尤其是电源相线和电源零线的接头，必须分段包扎），并将 3 个接头使用防水胶布包好。

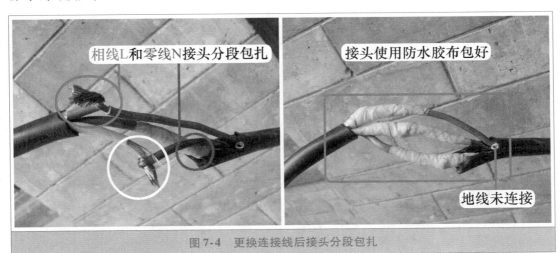

图 7-4　更换连接线后接头分段包扎

**6. 安装引线**

使用防水胶布将 3 个接头从上到下全部包扎，见图 7-5 左图，防止下雨时雨水进入接头，使得绝缘性能下降而引起漏电，再使用包扎带将连接线和连接管道包在一起，以恢复美观。

安装 3 芯线接头时，见图 7-5 右图，只安装 1 号电源相线 L、2 号电源零线 N 和 4 号通信线 S，接入室外机接线端子，3 号地线不安装。

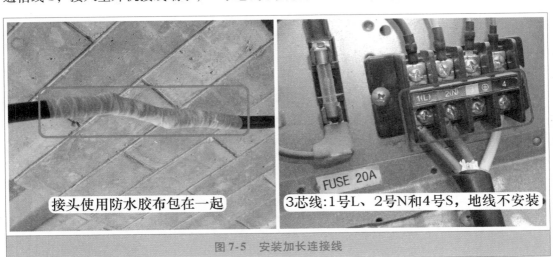

图 7-5　安装加长连接线

➡ **维修措施：**更换加长的连接线。

## 二、 20A 熔丝管开路

➡ **故障说明：**海信 KFR-60LW/29BP 柜式交流变频空调器，用遥控器开机后室外风机和压缩机均不运行，空调器不制冷。

**1. 测量室内机接线端子电压**

取下室内机进风格栅和电控盒盖板，将空调器接通电源但不开机，即处于待机状态，使用万用表直流电压档，见图7-6，黑表笔接2号端子零线N，红表笔接4号端子通信S线，测量通信电压，实测为直流24V，说明室内机主板通信电压产生电路正常。

表笔不动，使用遥控器开机，听到室内机主板继电器触点闭合的声音，说明已向室外机供电，但实测通信电压仍为直流24V不变，而正常为0~24V跳动变化的直流电压，判断室外机由于某种原因没有工作。

测量通信电压：实测待机状态电压说明室内机主板通信电路正常，实测开机状态电压说明室外机没有工作

图 7-6 测量室内机接线端子通信电压

**2. 测量室外机接线端子电压**

到室外机检查，见图7-7左图，使用万用表交流电压档测量接线端子上1号L相线和2号N零线电压为交流220V，使用万用表直流电压档测量2号N零线和4号通信S线电压为直流24V，说明室内机主板输出的交流220V和通信24V电压已送到室外机接线端子。

见图7-7右图，观察室外机电控盒上方设有20A熔丝管，使用万用表交流电压档，黑表笔接2号端子N零线，红表笔接熔丝管引线，正常电压为交流220V，而实测电压为交流0V，判断熔丝管出现开路故障。

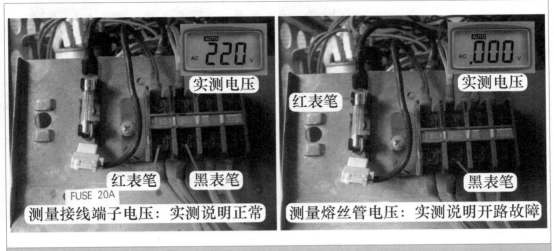

图 7-7　测量室外机接线端子电压和熔丝管后端电压

### 3. 查看熔丝管

断开空调器电源，取下熔丝管，见图 7-8，发现一端焊锡已经熔开，烧出一个大洞，使得内部熔丝与外壳金属脱离，表现为开路故障，而正常熔丝管接口处焊锡平滑，焊点良好，也说明本例熔丝管开路为自然损坏，不是由于过电流或短路故障引起。

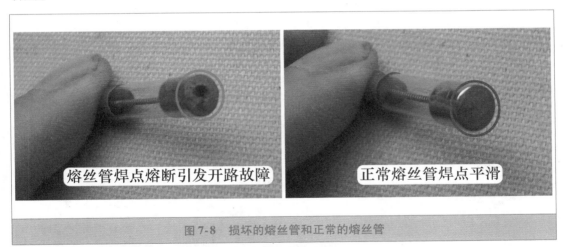

图 7-8　损坏的熔丝管和正常的熔丝管

### 4. 应急试机

为检查室外机是否正常，应急为室外机供电，见图 7-9 左图，将熔丝管管座的输出端子引线拔下，直接插在输入端子上，这样相当于短接熔丝管，再次通电开机，室外风机和压缩机均开始运行，空调器制冷良好，判断只是熔丝管损坏。

➡ 维修措施：更换熔丝管，见图 7-9 右图，更换后通电开机，空调器制冷恢复正常，故障排除。

图7-9 短接熔丝管试机和更换熔丝管

**总结：**

熔丝管在实际维修中由于过电流引发内部熔丝开路的故障很少出现，熔丝管常见故障如本例故障，由于空调器运行时电流过大，熔丝发热使得焊口部位焊锡开焊而引发的开路故障，并且多见于柜式空调器，也可以说是一种通病，通常出现在使用几年之后的空调器。

**经验：**

### 测量主控继电器触点交流电压判断故障部位

如果空调器出现室外机不工作故障，测量直流300V电压为0V时，可测量主控继电器触点的电压来判断故障部位，测量时使用万用表交流电压档，见图7-10。

测量主控继电器前端触点电压（测量A和4位置）：正常电压为交流220V，可以说明交流电源已送至室外机主板；如果实测电压值为交流0V，则说明交流电源未送至室外机主板，应检查15A（20A）供电熔丝管和滤波板（或滤波器）等器件。

测量主控继电器后端触点电压（测量A和3位置）：由于主控继电器后端触点连接线送至硅桥的交流输入端，此步骤也相当于测量硅桥的交流输入端电压，正常电压为交流220V，室外机如未工作可说明PTC电阻阻值正常，如室外机已经在运行，可说明主控继电器触点已闭合；当测量电压为交流0V时，如室外机未运行，通常情况下为后级负载即模块出现短路故障，如室外机已经运行，但30s左右电压由交流220V逐渐下降至交流0V，为主控继电器触点未闭合故障。

图7-10 根据主控继电器触点电压判断故障部位

## 三、 模块 P-N 端子击穿

➡ **故障说明：** 海信 KFR-2601GW/BP 挂式交流变频空调器，制冷开机，"电源、运行"灯亮，室内风机运行，但室外风机和压缩机均不运行，室内机指示灯显示故障代码内容为"通信故障"，使用万用表交流电压档测量室内机接线端子上 1 号 L 端子和 2 号 N 端子电压为交流 220V，说明室内机主板已输出交流电源，由于室外风机和压缩机均不工作，室内机又报出"通信故障"的代码，因此应检查室外机。

**1. 测量直流 300V 电压和室外机主板输入电压**

使用万用表直流电压档，见图 7-11 左图，测量直流 300V 电压，黑表笔接主滤波电容负极，红表笔接正极，正常值为直流 300V，实测为直流 0V，判断故障部位在室外机，可能为后级负载短路或前级供电电路出现故障。

向前级检查故障，使用万用表交流电压档，见图 7-11 右图，测量室外机主板输入端电压，正常为交流 220V，实测说明室外机主板供电正常。

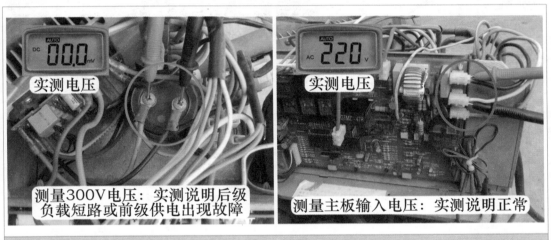

图 7-11 测量直流 300V 和室外机主板输入端电压

**2. 测量硅桥输入端电压**

使用万用表交流电压档，见图 7-12 左图，测量硅桥的 2 个交流输入端子电压，正常为交流 220V，而实测电压为交流 0V，判断直流 300V 电压为 0V 的原因由硅桥输入端无交流电源引起。

室外机主板输入电压正常，但硅桥输入端电压为交流 0V，而室外机主板输入端到硅桥的交流输入端只串接有 PTC 电阻，初步判断其出现开路故障，见图 7-12 右图，用手摸PTC 电阻表面，感觉温度很烫，说明后级负载有短路故障。

**3. 断开模块 P-N 端子引线**

引起 PTC 电阻发烫的负载主要是模块短路、开关电源电路的开关管击穿和硅桥击穿等。见图 7-13，拔下模块 P 和 N 端子引线，再次通电开机，使用万用表直流电压档测量直流 300V 电压已恢复正常，因此初步判断模块出现短路故障。

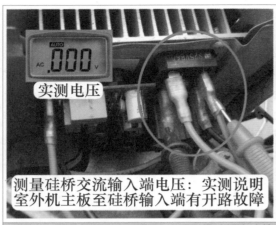
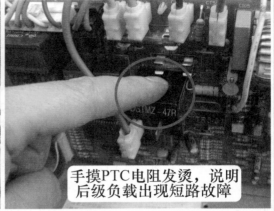

测量硅桥交流输入端电压：实测说明
室外机主板至硅桥输入端有开路故障

手摸PTC电阻发烫，说明
后级负载出现短路故障

图7-12　测量硅桥交流输入端电压和手摸PTC电阻

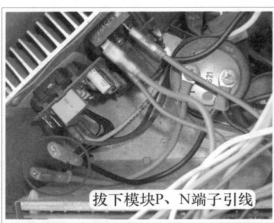

拔下模块P、N端子引线

测量300V电压：实测已恢复正常

图7-13　断开模块P-N端子引线后测量直流300V电压

**4. 测量模块**

　　使用万用表二极管档，见图7-14，测量P、N端子，模块正常时应符合正向导通、反向无穷大的特性，但实测正向和反向均为58mV，说明模块P、N端子已短路。

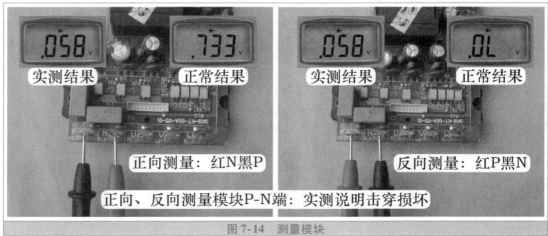

正向、反向测量模块P-N端：实测说明击穿损坏

图7-14　测量模块

➡ 说明：此处为使用图片清晰，将模块拆下测量；实际维修时模块不用拆下，只需要将模块的 P、N、U、V、W 5 个端子引线拔下，即可测量。

➡ 维修措施：更换模块，见图 7-15，再次通电开机，室外风机和压缩机均开始运行，空调器开始制冷，使用万用表直流电压档测量直流 300V 电压已恢复正常。

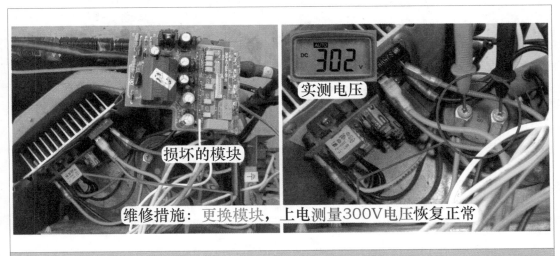

图 7-15　更换模块和测量 300V 电压

总　结：

本例模块 P、N 端子击穿，使得室外机通电时因负载电流过大，PTC 电阻过热，阻值变为无穷大，室外机无直流 300V 电压，室外机主板 CPU 不能工作，室内机 CPU 因接收不到通信信号，报出"通信故障"的故障代码。

# 第二节　PFC 电路故障

## 一、PFC 板 IGBT 开关管短路

➡ 故障说明：海信 KFR-50LW/27BP 柜式交流变频空调器，用遥控器开机后室外风机和压缩机均不运行，同时空调器不制冷。

1. 测量室外机接线端子电压和直流 300V 电压

使用万用表交流电压档，见图 7-16 左图，测量室外机接线端子上 1 号 L 端子和 2 号 N 端子电压，实测电压为交流 220V，说明室内机主板已向室外机供电。

取下室外机外壳，见图 7-16 右图，使用万用表直流电压档测量滤波电容上的直流 300V 电压，正常值为直流 300V，实测电压为直流 0V，说明室外机电控系统有故障。

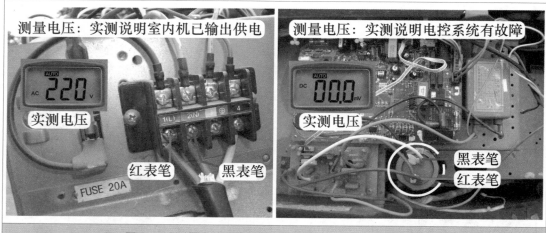

图 7-16　测量室外机接线端子交流电压和直流 300V 电压

### 2. 手摸 PTC 电阻温度

用手摸室外机主板上的 PTC 电阻，感觉温度烫手，判断电控系统有短路故障，断开空调器电源，见图 7-17，使用万用表直流电压档测量滤波电容电压仍为直流 0V，使用万用表电阻档测量两个端子阻值为 0Ω，确定电控系统存在短路故障。

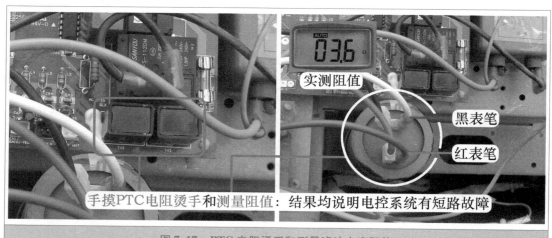

图 7-17　PTC 电阻烫手和测量滤波电容阻值

### 3. 测量模块和 PFC 板

见图 7-18 左图，拔下室外机主板上直流 300V 正极和负极引线、压缩机线圈的 3 个引线，使用万用表二极管档测量正极输入、负极输入、U、V、W 共 5 个端子，符合正向导通、反向截止的二极管特性，判断模块正常。由于模块和开关电源电路共同设计在一块电路板上，且模块 PN 端子和开关电源集成电路并联，如果集成电路击穿，则测量模块 P 和 N 端子时应为击穿值，这也间接说明开关电源电路正常。

拔下 PFC 板上所有引线，见图 7-18 右图，使用万用表二极管档，黑表笔接 CN06 端子（DC OUT_−，连接滤波电容负极），红表笔接 CN05（DC OUT_+，连接滤波电容正极），正常值应为无穷大，实测结果为 0mV，判断 PFC 板上 IGBT 短路损坏。

➡ 说明：此机室外机主板正极输入和模块 P 端直接相连，负极输入和模块 N 端直接相连，主板上没有专门的 P 和 N 端子。

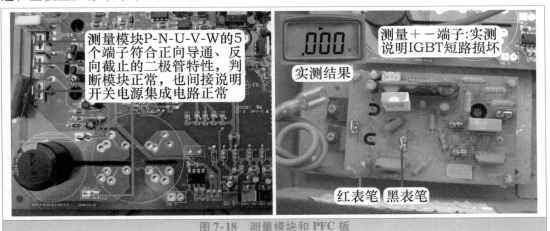

图 7-18　测量模块和 PFC 板

➡ 维修措施：见图 7-19，更换 PFC 板。将空调器接通电源，用遥控器开机后室内机主板向室外机供电，室外机主板上开关电源电路立即工作，指示灯点亮，压缩机和室外风机开始运行，故障排除。

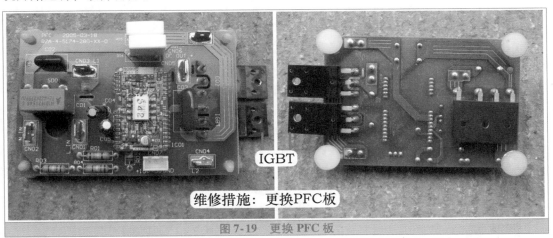

图 7-19　更换 PFC 板

资料：

### PFC 板

　　变频空调器由于模块中的开关器件存在，电路中的电流相对于电压的相位发生畸变，造成电路中的谐波电流成分变大，功率因数降低，PFC 电路的作用就是降低谐波成分，使电路的谐波指标满足国家 CCC 认证要求。工作时 PFC 控制电路检测电压的零点和电流的大小，然后通过系列运算，对畸变严重零点附近的电流波形进行补偿，使电流的波形尽量跟上电压的波形，达到消除谐波的目的。

　　PFC 板为独立的一块电路板，电路简图见图 7-20，控制电路电源为直流 15V 和 5V 双电压，上面集成有大功率 IGBT、快恢复二极管和控制电路等。

　　PFC 板最常见的故障为 IGBT 开关管击穿，相当于直流 300V 直接短路，表现为室外机通电后无反应，直流 300V 电压为 0V，同时手摸 PTC 电阻烫手。

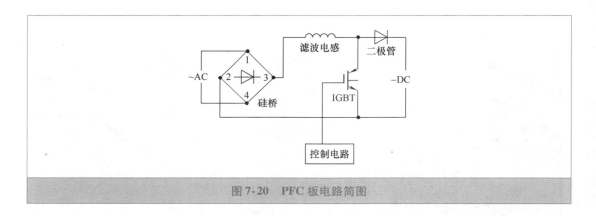

图 7-20　PFC 板电路简图

## 二、 使用硅桥代替 PFC 板

➡ 故障说明：海信 KFR-50LW/27BP 柜式交流变频空调器，开机后室外机无反应，检查为室外机主板和 PFC 板损坏。由于室外机主板无法修复只能更换，而 PFC 板由于作用不大并且价格太贵，更换没有实际意义，因此将其短接。

**1. PFC 板只有 IGBT 损坏**

以海信 KFR-50LW/27BP 空调器为例，假如 PFC 板上 IGBT 短路，而不想更换 PFC 板，可按以下两种方法维修。

（1）更改引线（见图 7-21）

1）将 PFC 板上端子（CN05、DC OUT_+）正极输出（棕线）至滤波电容正极的棕线，在滤波电容正极端子处拔下，这根引线不再使用。

2）再将滤波电感输出的棕线在 PFC 板端子（CN04、L2）上拔下。

3）滤波电感输出的棕线直接连接至滤波电容正极，这样硅桥正极输出经滤波电感后，直接送至滤波电容滤波，短接 PFC 板的 IGBT 调节功能，再开机就能正常使用。

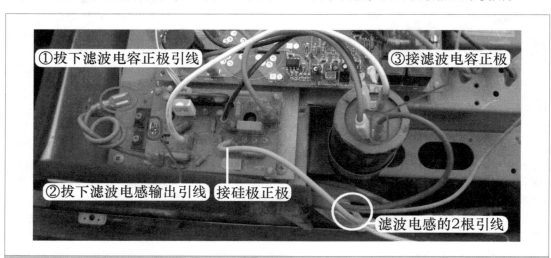

①拔下滤波电容正极引线　　③接滤波电容正极

②拔下滤波电感输出引线　接硅极正极　　滤波电感的2根引线

图 7-21　更改引线

（2）剪去 IGBT 引脚

见图 7-22，在维修过程中如果对更换引线的方法掌握不好，可以使用偏口钳直接将 IGBT 的 3 个引脚直接剪断，使 IGBT 脱离 PFC 板，这样硅桥正极经滤波电感、PFC 板上快恢复二极管至滤波电容正极，在不更改任何引线情况下也能排除故障，此方法适用于 PFC 板上只是 IGBT 开关管短路的故障。

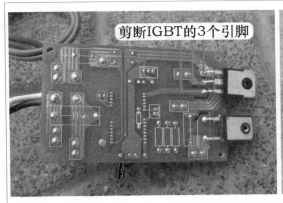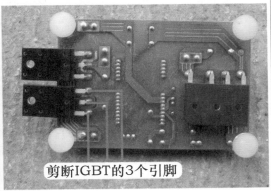

图 7-22　剪断 IGBT 的 3 个引脚

**2. PFC 板控制电路损坏**

如果 2P 机型中集成硅桥的 PFC 板控制电路损坏，或 3P 机型中 PFC 板控制电路损坏等原因，导致无法修复只能更换电路板时，如果暂时没有配件或者不想更换 PFC 板，可以使用加装硅桥的方法来维修，本节以 2P 机型海信 KFR-50LW/27BP 空调器为例进行介绍，3P 机型如果未集成硅桥，只需要拆除 PFC 板，利用原硅桥并更改引线即可。

（1）拆除引线

见图 7-23 左图，首先拆除 PFC 板上的各种输入引线，然后选用合适的硅桥，本例选用型号为 S25VB60，最大电流 25A，最高反向电压 600V，引脚作用见图 7-23 右图。

图 7-23　拆除引线和硅桥

（2）安装硅桥输入端引线

见图 7-24 左图，将硅桥固定在原硅桥位置，并使用螺钉拧紧，使散热面紧紧贴在散热片上，以增强散热效果。

见图 7-24 右图，电源 L 相线（黑线）由室外机主板上主控继电器端子引出，电源 N 零线（灰线）由滤波器端子引出，将 2 根引线不分极性地安装在硅桥的 2 个输入引脚。

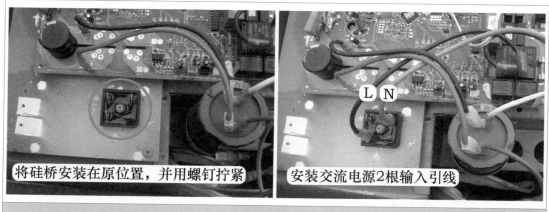

将硅桥安装在原位置，并用螺钉拧紧 ｜ 安装交流电源2根输入引线

图 7-24　固定硅桥和安装交流输入引线

（3）安装直流输出引线

见图 7-25，将滤波电容负极引线另一端安装在硅桥负极引脚，硅桥正极引脚连接滤波电感的输入引线，输出引线连接滤波电容正极，这样硅桥正极经滤波电感连接滤波电容正极。

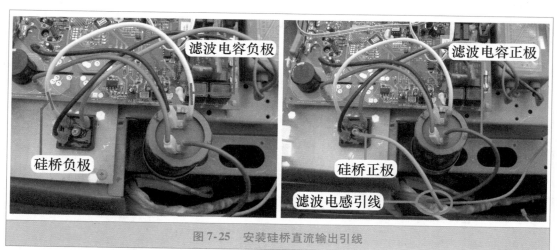

滤波电容负极　滤波电容正极
硅桥负极　硅桥正极　滤波电感引线

图 7-25　安装硅桥直流输出引线

至此，引线全部更改结束，维修方法实际上就是拆除 PFC 板，更改后电控系统和早期变频空调器（如海信 KFR-2601GW/BP）相同，实际使用对电路没有任何影响。如果为 3P 机型 PFC 板损坏，维修时直接拆除即可，硅桥不用更换，将连接引线按顺序接好，空调器也能正常使用。

### 三、 室外机主板 IGBT 开关管短路

➡ 故障说明：三菱重工 KFR-35GW/QBVBp（SRCQB35HVB）挂式全直流变频空调器，

用户反映不制冷。用遥控器开机后，室内风机运行，但马上指示灯闪烁报故障代码，运行灯点亮、定时灯每 8 秒闪 6 次，查看代码含义为通信故障。

1. 测量室外机接线端子电压

到室外机检查，发现室外机不运行。使用万用表交流电压档，见图 7-26 左图，红表笔和黑表笔接接线端子上的 1 号 L 端和 2（N）端子，测量电压，实测为交流 219V，说明室内机主板已输出供电至室外机。

将万用表档位改为直流电压档，见图 7-26 右图，黑表笔接 2（N）端子，红表笔接 3 号通信 S 端子，测量电压，实测约为直流 0V，说明通信电路出现故障。

➡ 说明：本机室内机和室外机距离较远，中间加长了连接管道和连接线，其中加长连接线使用 3 芯线，只连接 L 端相线、N 端零线和 S 端通信线，未使用地线。

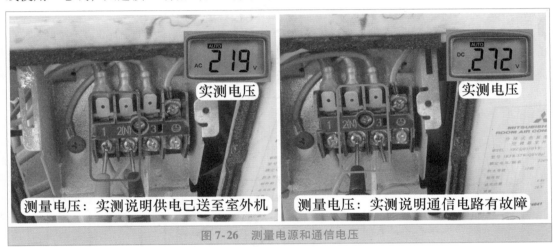

图 7-26　测量电源和通信电压

2. 断开通信线测量通信电压

为区分是室内机故障还是室外机故障，断开空调器电源，见图 7-27 左图，使用螺钉旋具取下 3 号端子上的通信线，依旧使用万用表直流电压档，再次通电开机，同时测量通信电压，实测结果依旧为接近直流 0V，由于通信电路专用电源由室外机提供，确定故障在室外机。

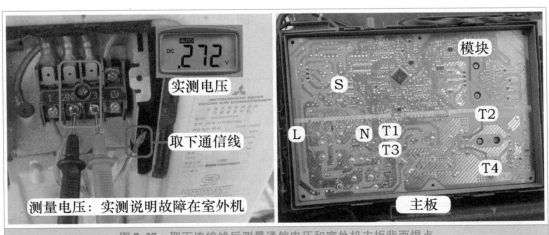

图 7-27　取下连接线后测量通信电压和室外机主板背面焊点

**3. 室外机主板**

取下室外机顶盖和电控盒盖板，见图 7-27 右图和图 7-29 左图，发现室外机主板为卧式安装，焊点在上面，元器件位于下方。

室外机强电通路电路原理简图见图 7-28，实物图见图 7-29 右图，主要由扼流圈 L1、PTC 电阻 TH11、主控继电器 52X2、电流互感器 CT1、滤波电感、PFC 硅桥 DS1、IGBT 开关管 Q3、熔丝管 F4（10A）、整流硅桥 DS2、滤波电容 C85 和 C75、熔丝管 F2（20A）和模块 IC10 等组成。

室外机接线端子上 L 端相线（黑线）和 N 端零线（白线）送至主板上扼流圈 L1 滤波，L 端经由 PTC 电阻 TH11 和主控继电器 52X2 组成的防瞬间大电流充电电路，由蓝色跨线 T3-T4 至硅桥的交流输入端，N 端零线经电流互感器 CT1 一次绕组后，由接滤波电感的跨线（T1 黄线-T2 橙线）至硅桥的交流输入端。

L 端和 N 端电压分为两路，一路送至整流硅桥 DS2，整流输出直流 300V 经滤波电容滤波后为模块、开关电源电路供电，作用是为室外机提供电源；一路送至 PFC 硅桥 DS1，整流后输出端接 IGBT 开关管，作用是提高供电的功率因数。

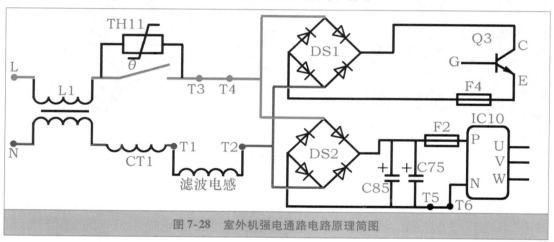

图 7-28　室外机强电通路电路原理简图

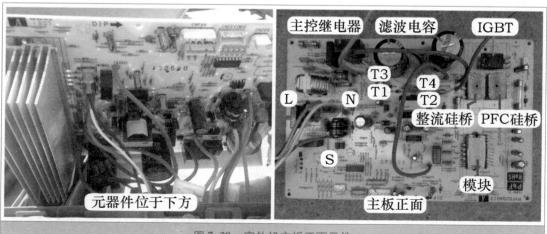

图 7-29　室外机主板正面元件

**4. 测量直流 300V 和硅桥输入端电压**

由于直流 300V 为开关电源电路供电，间接为室外机提供各种电源，使用万用表直流电压档，见图 7-30 左图，黑表笔接滤波电容负极（和整流硅桥负极相通的端子），红表笔接正极（和整流硅桥正极相通的端子）测量直流 300V 电压，实测约为直流 0V，说明室外机强电通路有故障。

将万用表档位改为交流电压档，见图 7-30 右图，测量硅桥交流输入端电压，由于 2 个硅桥并联，测量时表笔可测量和 T2-T4 跨线相通的位置，正常电压为交流 220V，实测约为交流 0V，说明前级供电电路有开路故障。

➡ 说明：本机室外机主板表面涂有防水胶，测量时应使用表笔尖刮开防水胶后，再测量和连接线或端子相通的铜箔走线。

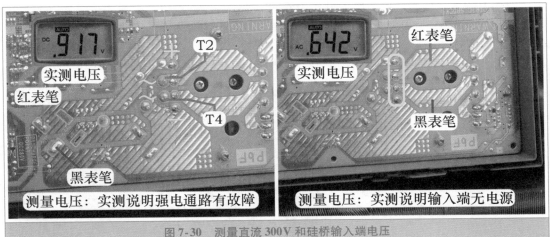

图 7-30　测量直流 300V 和硅桥输入端电压

**5. 测量主控继电器输入和输出端交流电压**

向前级检查，仍旧使用万用表交流电压档，见图 7-31 左图，测量室外机主板输入 L 端相线和 N 端零线电压，红表笔和黑表笔接扼流圈焊点，实测为交流 219V，和室外机接线端子相等，说明供电已送至室外机主板。

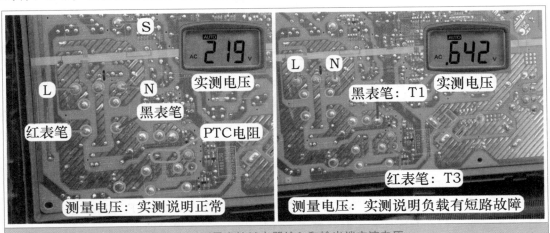

图 7-31　测量主控继电器输入和输出端交流电压

见图 7-31 右图，黑表笔接电流互感器后端跨线 T1 焊点，红表笔接主控继电器后端触点跨线 T3 焊点，测量电压，实测约为交流 0V，初步判断 PTC 电阻因电流过大断开保护，断开空调器电源，手摸 PTC 电阻发烫，也说明后级负载有短路故障。

**6. 测量模块和整流硅桥**

引起 PTC 电阻发烫的主要原因为直流 300V 短路，后级负载主要有模块 IC10、整流硅桥 DS2、PFC 硅桥 DS1、IGBT 开关管 Q3 和开关电源电路短路等。

断开空调器电源，由于直流 300V 约为直流 0V，因此无需为滤波电容放电。使用万用表二极管档，见图 7-32 左图，首先测量模块 P、N、U、V、W 共 5 个端子，红表笔接 N 端，黑表笔接 P 端时为 471mV，红表笔不动接 N 端，黑表笔接 U-V-W 时均为 462mV，说明模块正常，排除短路故障。

使用万用表二极管档测量整流硅桥 DS2 时，见图 7-32 右图，红表笔接负极，黑表笔接正极时为 470mV，红表笔不动接负极，黑表笔分别接 2 个交流输入端时结果均为 427mV，说明整流硅桥正常，排除短路故障。

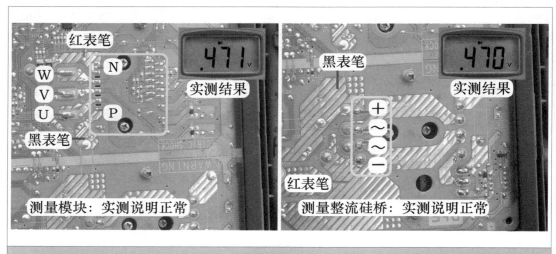

图 7-32　测量模块和整流硅桥

**7. 测量 PFC 硅桥**

再使用万用表二极管档测量 PFC 硅桥 DS1 时，见图 7-33，红表笔接负极，黑表笔接正极，实测结果为 0mV，说明 PFC 硅桥有短路故障，查看 PFC 硅桥负极经 F4 熔丝管（10A）连接 IGBT 开关管 Q3 的 E 极、硅桥正极接 Q3 的 C 极，相当于硅桥正负极和 IGBT 开关管的 CE 极并联，由于 IGBT 开关管损坏的比例远大于硅桥，判断 IGBT 开关管的 C-E 极击穿。

➡ **维修措施：**本机维修方法是应当更换室外机主板或 IGBT 开关管（型号为东芝 RJP60D0），但由于暂时没有室外机主板和配件 IGBT 开关管更换，而用户又着急使用空调器，见图 7-34，使用尖嘴钳子剪断 IGBT 的 E 极引脚（或同时剪断 C 极引脚、或剪断 PFC 硅桥 DS1 的 2 个交流输入端），这样相当于断开短路的负载，即使 PFC 电路不能工作，空调器也可正常运行在制冷模式或制热模式，等到有配件时再更换即可。

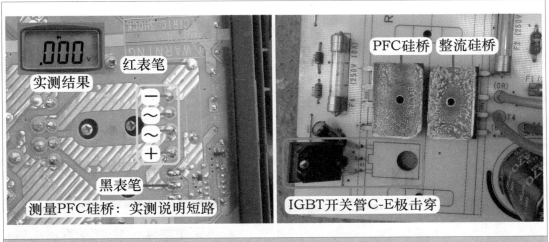

图 7-33　测量 PFC 硅桥和 IGBT 开关管击穿

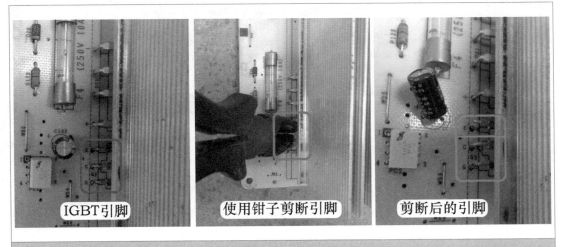

图 7-34　剪断 IGBT 开关管引脚

**总 结：**

　　本机设有 2 个硅桥，整流硅桥的负载为直流 300V，PFC 硅桥的负载为 IGBT 开关管，当任何负载有短路故障时，均会引起电流过大，PTC 电阻在通电时阻值逐渐变大直至开路，后级硅桥输入端无电源，室外机主板 CPU 不能工作，引起室内机报故障代码为通信故障。

## 四、　PFC 模块中的硅桥击穿

➡ 故障说明：海信 KFR-35GW/08FZBPC-3 挂式直流变频空调器，用户反映不制冷。用遥控器开机后，室内风机运行，但室外机不运行，一段时间以后，按压遥控器上"高效"键 4 次，显示屏显示故障代码为"36"，含义为通信故障。

**1. 测量直流 300V 电压**

由于室外机不运行，因此先到室外机检查，取下室外机上盖，使用万用表直流电压档，见图 7-35 左图，黑表笔接模块的 N 端子，红表笔接模块的 P 端子，测量直流 300V 电压，实测电压为直流 0V，说明交流 220V 强电通路有开路或直流 300V 负载有短路故障。

使用万用表交流电压档，见图 7-35 右图，黑表笔接电源 N 端子，红表笔接主控继电器后端触点，正常电压为交流 220V，实测电压为交流 0V，测量前端触点电压为交流 220V，初步判断 PTC 电阻出现开路故障，用手摸 PTC 电阻表面发烫，说明后级负载有短路故障。

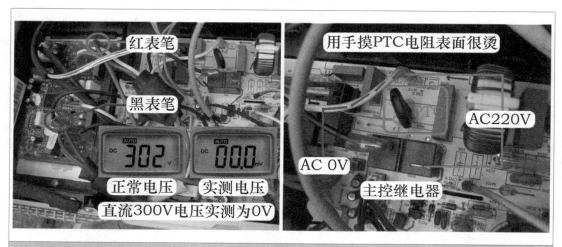

图 7-35　测量直流 300V 电压和手摸 PTC 电阻发烫

**2. 本机硅桥与模块板简介**

本机未使用常见型式的硅桥，而是使用 PFC 模块，见图 7-36，将硅桥和 PFC 电路集成在一个模块内，和变频模块做在同一块电路板上。

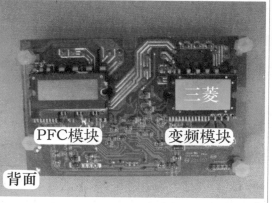

图 7-36　模块板正面和背面

见图 7-37，模块板正面共有 10 个接线端子。变频模块引脚有 4 个，分别为 P、U、V、W 端子。硅桥引脚有 4 个，为 2 个交流输入端（AC-N-IN、AC-L-IN）和 2 个直流输出端（N 为直流负极，L1 为直流正极。PFC 引脚有 2 个，L2 为输入端、CAP + 为输出端。

➡ 说明：硅桥直流负极经水泥电阻直接连至模块 N 引脚，因此未设模块 N 端子。

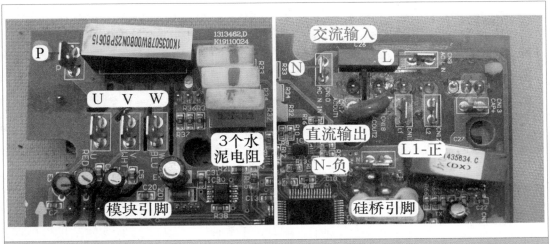

图 7-37　模块板正面 10 个端子功能

3. 测量模块引脚

首先检查容易出现击穿故障的模块引脚，使用万用表二极管档，见图 7-38，黑表笔接 N 即硅桥负极引脚，红表笔接 P 端子，结果为 751mV；红表笔改接 U/V/W 端子，结果均为 419 mV，初步判断模块正常。测量 N 与 U/V/W 端子的正反向结果，和 U/V/W 端子之间均符合要求，没有出现短路数值，判断模块正常。

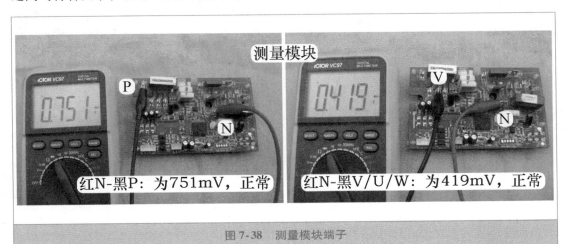

图 7-38　测量模块端子

4. 测量硅桥引脚

使用万用表二极管档测量硅桥引脚，见图 7-39，黑表笔接负极 N，红表笔接 2 个交流输入端 AC-L 和 AC-N，正常时应为正向导通，而实测结果均为 0mV。

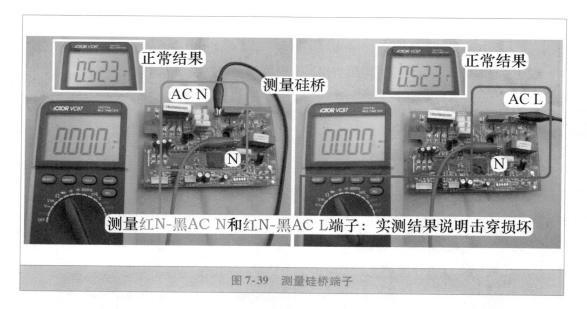

图 7-39  测量硅桥端子

见图 7-40，表笔接硅桥 2 个交流输入端时，正常时应为无穷大，而实测结果为 0mV；将黑表笔接负极 N，红表笔接正极输出 L1，相当于测量 2 个串联的二极管，正常结果通常在 700mV 以上，而实测仅为 470mV。综合以上 4 次测量结果，可以判断 PFC 模块内硅桥中至少有 2 个二极管击穿。

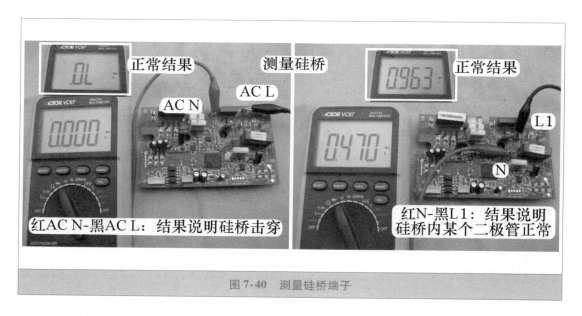

图 7-40  测量硅桥端子

➡ 维修措施：由于硅桥集成在 PFC 模块内部，且 PFC 模块不能更换，因此在实际维修时更换模块板，新更换的模块板实物外形见图 7-41。原模块板上变频模块使用三菱系列，新更换的模块板使用仙童（飞兆）系列。

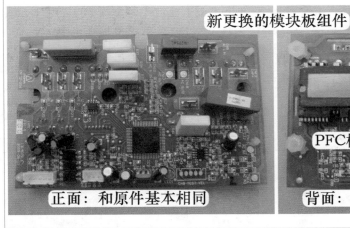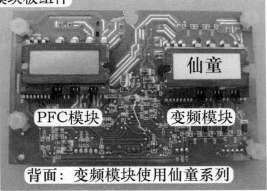

图 7-41　更换模块

## 第三节　模块和跳闸故障

### 一、 模块 P-U 端子击穿

➡ 故障说明：海信 KFR-28GW/39MBP 挂式交流变频空调器，用遥控器开机后室外风机运行，但压缩机不运行，空调器不制冷。

1. 查看故障代码

遥控器开机后室外风机运行，但压缩机不运行，见图 7-42，室外机主板直流 12V 电压指示灯点亮，说明开关电源电路已正常工作，模块板上以 LED1 和 LED3 灭、LED2 闪的方式报故障代码，查看代码含义为"模块故障"。

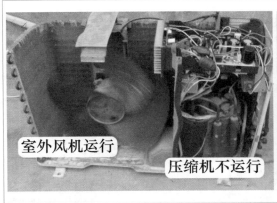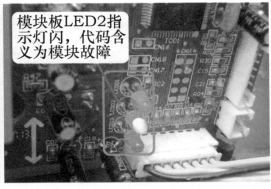

图 7-42　压缩机不运行和模块板报故障代码

**2. 测量直流 300V 电压**

使用万用表直流电压档，见图 7-43，测量室外机主板上滤波电容直流 300V 电压，实测为直流 297V，说明电压正常，由于代码为"模块故障"，应拔下模块板上的 P、N、U、V、W 的 5 根引线，使用万用表二极管档测量模块。

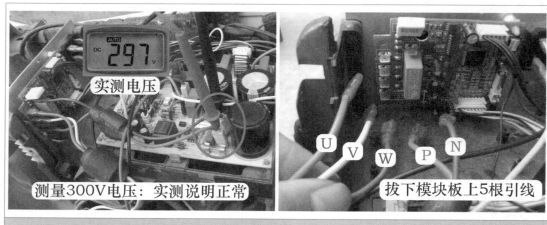

图 7-43　测量直流 300V 电压和拔下 5 根引线

**3. 测量模块**

使用万用表二极管档，见图 7-44，测量模块的 P、N、U、V、W 的 5 个端子，测量结果见表 7-1，在路测量模块的 P 和 U 端子，正向和反向测量均为 0mV，判断模块 P 和 U 端子击穿；取下模块，单独测量 P 与 U 端子正向和反向均为 0mV，确定模块击穿损坏。

表 7-1　测量模块

| | 模 块 端 子 | | | | | | | | | | | | | |
|---|---|---|---|---|---|---|---|---|---|---|---|---|---|---|
| 万用表（红） | P | | | N | | | U | V | W | U | V | W | P | N |
| 万用表（黑） | U | V | W | U | V | W | P | P | P | N | N | N | N | P |
| 结果/mV | 0 | 无 | 无 | 436 | | | 0 | 436 | 436 | 无穷大 | | | 无 | 436 |

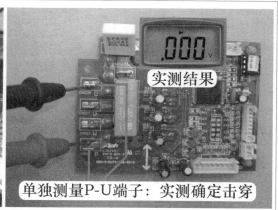

图 7-44　测量模块 P 和 U 端子

➡️ 维修措施：见图 7-45，更换模块板，更换后通电试机，压缩机和室外风机均开始运行，制冷恢复正常，故障排除。

图 7-45　更换模块板

**总　结：**

1) 本例模块 P 和 U 端子击穿，在待机状态下由于 P-N 未构成短路，因而直流 300V 电压正常，而用遥控器开机后室外机 CPU 驱动模块时，立即检测到模块故障，瞬间就会停止驱动模块，并报出"模块故障"的代码。

2) 如果为早期模块，同样为 P 和 U 端子击穿，则直流 300V 电压可能会下降至 260V 左右，出现室外风机运行，压缩机不运行的故障。

3) 如果模块为 P 和 N 端子击穿，相当于直流 300V 短路，则室内机主板向室外机供电后，室外机直流 300V 电压为 0V，PTC 电阻发烫，室外风机和压缩机均不运行。

## 二、压缩机线圈对地短路

➡️ 故障说明：海信 KFR-50GW/09BP 挂式交流变频空调器，用遥控器开机后不制冷，检查为室外风机运行，但压缩机不运行。

**1. 测量模块**

遥控器开机，听到室内机主板主控继电器触点闭合的声音，判断室内机主板向室外机供电，到室外机检查，观察室外风机运行，但压缩机不运行，取下室外机外壳的过程中，如果一只手摸窗户的铝合金外框、一只手摸冷凝器时有电击的感觉，判断此空调器电源插座中地线未接或接触不良引起。

观察室外机主板上指示灯 LED2 闪、LED1 和 LED3 灭，查看故障代码含义为"IPM 模块故障"，在室内机按压遥控器上的"高效"键 4 次，显示屏显示"5"的代码，含义仍为"IPM 模块故障"，说明室外机 CPU 判断模块出现故障。

断开空调器电源，拔下压缩机 U、V、W 的 3 根引线和滤波电容上去室外机主板的正极（接模块 P 端子）和负极（接模块 N 端子）引线，使用万用表二极管档，见图 7-46，测量模块 5 个端子，实测结果符合正向导通、反向截止的二极管特性，判断模块正常。

使用万用表电阻挡，测量压缩机 U（红）、V（白）、W（蓝）的 3 根引线，3 次阻值均为 0.8Ω，也说明压缩机线圈阻值正常。

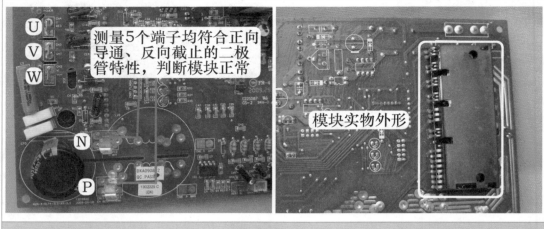

图 7-46　测量模块和模块实物外形

**2. 更换室外机主板**

由于测量模块和压缩机线圈均正常，判断室外机 CPU 误判或相关电路出现故障，此机室外机只有一块电路板，集成 CPU 控制电路、模块、开关电源等所有电路，试更换室外机主板，见图 7-47，开机后室外风机运行但压缩机仍不运行，故障依旧，指示灯依旧为 LED2 闪、LED1 和 LED3 灭，报故障代码仍为"IPM 模块故障"。

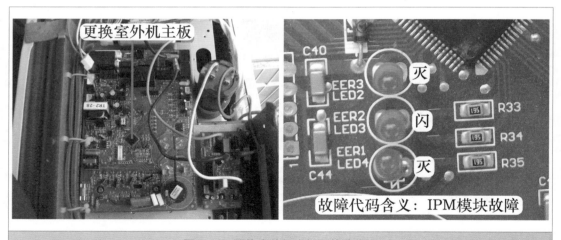

图 7-47　更换室外机主板和故障代码

**3. 测量压缩机线圈对地阻值**

引起"IPM 模块故障"的原因有模块、开关电源直流 15V 供电、压缩机故障，现室外机主板已更换可以排除模块和直流 15V 供电，故障原因还有可能为压缩机，为判断故障，拔下压缩机线圈的 3 根引线，再次通电开机，室外风机运行，室外机主板上 3 个指示灯同时闪，含义为压缩机正常升频即无任何限频因素，一段时间以后室外风机停机，报故障代码为"无负载"，因此判断故障为压缩机损坏。

断开空调器电源，使用万用表电阻档测量 3 根引线阻值，UV、UW、VW 均为 0.8Ω，说明线圈阻值正常。见图 7-48 左图，将一支表笔接冷凝器相当于接地线，一支表笔接压缩机线圈引线，正常阻值应为无穷大，而实测约为 25Ω，判断压缩机线圈对地短路损坏。

为准确判断，取下压缩机接线端子上的引线，直接测量压缩机接线端子与排气管铜管管接口阻值，见图 7-48 右图，正常为无穷大，而实测仍为 25Ω，确定压缩机线圈对地短路损坏。

图 7-48　测量压缩机引线和接线端子对地阻值

➡ 维修措施：见图 7-49，更换压缩机。型号为三洋 QXB-23（F）交流变频压缩机，根据顶部钢印可知，线圈供电为三相（PH3），定频频率 60Hz 时工作电压为交流 140V，线圈与外壳（地）正常阻值大于 2MΩ。拔下吸气管和排气管的封塞，将 3 根引线安装在新压缩机接线端子上，通电开机压缩机运行，吸气管有气体吸入，排气管有气体排出，室外机主板不报"IPM 模块故障"，更换压缩机后对系统顶空，加氟至 0.45MPa 试机时制冷正常。

图 7-49　压缩机实物外形和铭牌

**总 结:**

　　1) 本例在维修时走了弯路,在室外机主板报出"IPM 模块故障"时,测量模块正常后仍判断室外机 CPU 误报或有其他故障,而更换室外机主板。假如在维修时拔下压缩机线圈的 3 根引线,室外机主板不再报"IPM 模块故障",改报"无负载"故障时,就可能会仔细检查压缩机,可减少一次上门维修次数。

　　2) 本例在测量压缩机线圈只测量引线之间阻值,而没有测量线圈对地阻值,这也说明在检查时不仔细,也从另外一个方面说明压缩机故障时会报出"IPM 模块故障"的代码,且压缩机线圈对地短路时也会报出相同的故障代码。

　　3) 本例断路器不带漏电保护功能,因此开机后报故障代码为"IPM 模块故障",假如本例断路器带有漏电保护功能,故障现象则表现为通电后断路器跳闸。

## 三、 滤波电感线圈漏电

➡ **故障说明:**海信 KFR-2601GW/BP×2 一拖二挂式交流变频空调器,只要将电源插头插入电源插座,即使不开机,断路器也立即断开保护。

**1. 测量硅桥**

　　上门检查,将空调器插头插入电源插座,见图 7-50 左图,断路器即断开保护,由于此时并未开机,断路器即跳开保护,说明故障出现在强电通路上。

　　由于硅桥连接交流 220V,其短路后容易引起通电跳闸故障,因此首先使用万用表二极管档,见图 7-50 右图,正向和反向测量硅桥的 4 个引脚,即测量内部 4 个整流二极管,实测结果说明硅桥正常,未出现击穿故障。

　　由于模块击穿有时也会出现跳闸故障,拔下模块上面的 5 根引线,使用万用表二极管档测量 P/N/U/V/W 的正向和反向结果均符合要求,说明模块正常。

➡ **说明:**测量硅桥时需要测量 4 个引脚之间正向和反向的结果,且测量时不用从室外机上取下,本例只是为使图片清晰才拆下,图中只显示正向测量硅桥的正与负引脚结果。

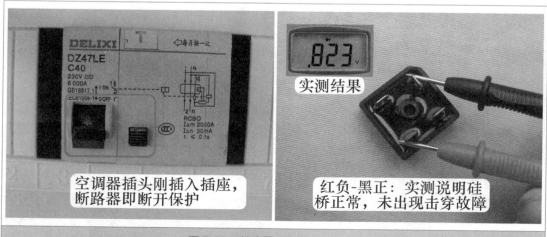

图 7-50　断路器跳闸和测量硅桥

**2. 测量滤波电感线圈阻值**

此时交流强电回路中只有滤波电感未测量，拔下滤波电感的橙线和黄线，使用万用表电阻档，测量 2 根引线阻值，实测阻值接近 0Ω，说明线圈正常导通。

见图 7-51，一表笔接外壳地（本例红表笔实接冷凝器铜管），一表笔接线圈（本例黑表笔接橙线），测量滤波电感线圈对地阻值，正常阻值为无穷大，实测阻值约 300kΩ，说明滤波电感线圈出现漏电故障。

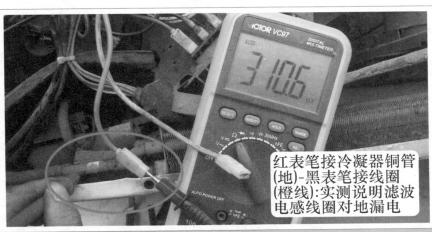

图 7-51　测量滤波电感线圈对地阻值

**3. 短接滤波电感线圈试机**

见图 7-52 左图，硅桥正极输出经滤波电感线圈后返回至滤波板上，再经过上面线圈送至滤波电容正极，然后再送至模块 P 端。

查看滤波电感的 2 根引线插在 60μF 电容的 2 个端子，因此拔下滤波电感的引线后，见图 7-52 右图，将电容上的另外 2 根引线插在一起（相通的端子上），即硅桥正极输出经滤波板上线圈直接送至滤波电容正极，相当于短接滤波电感，将空调器接通电源，断路器不再跳闸保护，用遥控器开机，压缩机和室外风机开始运行，空调器制冷正常，确定为滤波电感漏电损坏。

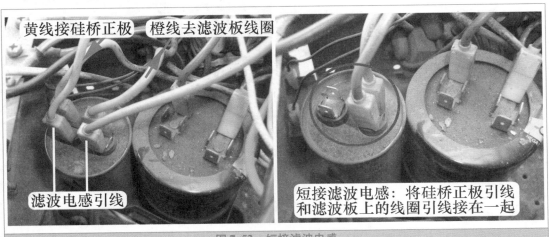

图 7-52　短接滤波电感

### 4. 取下滤波电感

滤波电感位于室外机底座最下部，见图7-53，距离压缩机底脚很近。取下滤波电感时，首先拆下前盖，再取下室外风扇（防止在维修时损坏扇叶，并且扇叶不容易配到），再取下挡风隔板，即可看见滤波电感，将4个固定螺钉全部松开后，取下滤波电感。

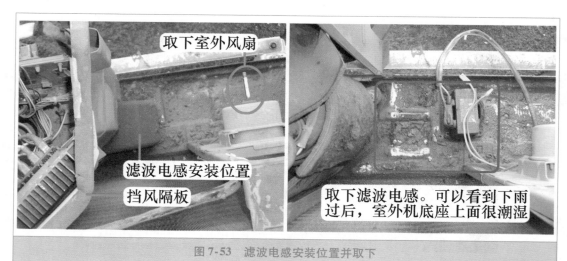

取下室外风扇

滤波电感安装位置

挡风隔板

取下滤波电感。可以看到下雨过后，室外机底座上面很潮湿

图7-53　滤波电感安装位置并取下

### 5. 测量损坏的滤波电感

使用万用表电阻档，见图7-54左图，黑表笔接线圈端子，红表笔接铁心，测量阻值，正常值为无穷大，实测约为360kΩ，从而确定滤波电感线圈对地漏电损坏。

见图7-54右图，更换型号相同的滤波电感试机，通电后断路器不再断开保护，用遥控器开机，室外机运行，制冷恢复正常，故障排除。

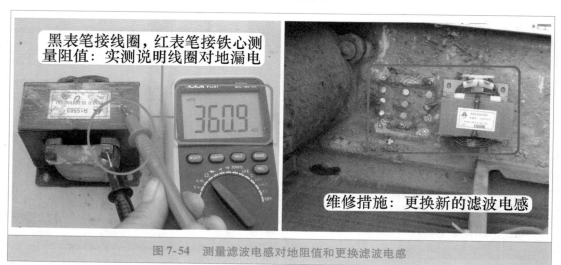

黑表笔接线圈，红表笔接铁心测量阻值：实测说明线圈对地漏电

360.9

维修措施：更换新的滤波电感

图7-54　测量滤波电感对地阻值和更换滤波电感

➡ 维修措施：见图7-54右图，更换滤波电感。由于滤波电感不容易更换，在判断其出现故障之后，如果有相同型号的配件，见图7-55，可使用连接引线，接在电容的2个端

子上进行试机，在确定为滤波电感出现故障后，再拆壳进行更换，以避免无谓的工作。

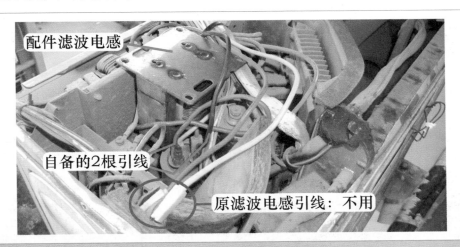

图 7-55　使用滤波电感试机

总　结：

　　本例是一个常见故障，是一个通病，在很多品牌的空调器机型中均出现类似现象，原因为有2个。

　　1）滤波电感位于室外机底座的最下部，因天气下雨或制热时化霜水将其浸泡，其经常被雨水或化霜水包围，导致线圈绝缘下降。

　　2）早期滤波电感封口部位于下部，见图7-56左图，时间长了以后，封口部位焊点开焊，铁心坍塌与线圈接触，引发漏电故障，出现通电后或开机后断路器断开保护的故障现象。

　　目前生产的滤波电感将封口部位的焊点改在上部，见图7-56右图，这样即使下部被雨水包围，也不会出现铁心坍塌和线圈接触而导致的漏电故障。

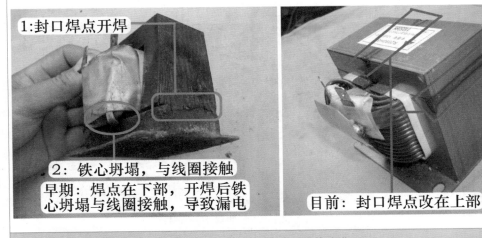

图 7-56　故障原因的改进

## 四、 硅桥击穿

➡ 故障说明：海信 KFR-2601GW/BP 挂式交流变频空调器，通电后正常，但开机后断路器跳闸。

**1. 开机后断路器跳闸**

将电源插头插入电源插座，见图 7-57 左图，导风板（风门叶片）自动关闭，说明室内机主板 5V 电压正常，CPU 工作后控制导风板自动关闭。

使用遥控器开机，导风板自动打开，室内风机开始运行，但室内机主板主控继电器触点闭合向室外机供电时，见图 7-57 右图，断路器立即跳闸保护，说明空调器有短路或漏电故障。

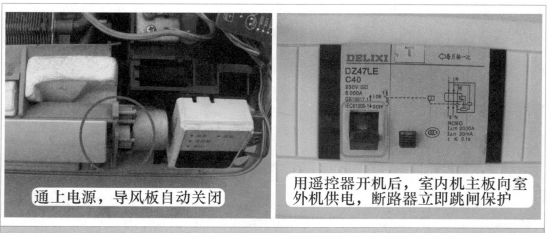

通上电源，导风板自动关闭

用遥控器开机后，室内机主板向室外机供电，断路器立即跳闸保护

图 7-57　导风板关闭和断路器跳闸

**2. 常见故障原因**

开机后断路器跳闸保护，主要是向室外机供电时因电流过大而跳闸，见图 7-58，常见原因有硅桥击穿短路、滤波电感漏电（绝缘下降）、模块击穿短路、压缩机线圈与外壳短路。

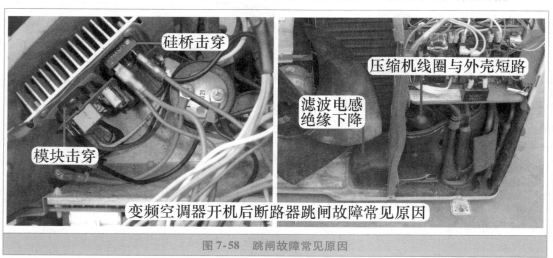

硅桥击穿

压缩机线圈与外壳短路

滤波电感
绝缘下降

模块击穿

变频空调器开机后断路器跳闸故障常见原因

图 7-58　跳闸故障常见原因

### 3. 测量硅桥

开机后断路器跳闸故障首先需要测量硅桥是否击穿。拔下硅桥上面的 4 根引线，使用万用表二极管档测量硅桥，见图 7-59，红表笔接正极端子，黑表笔接 2 个交流输入端时，正常时应为正向导通，而实测时结果均为 3mV。

红、黑表笔分别接 2 个交流输入端子，见图 7-60，正常时应为无穷大，而实测结果均为 0mV，根据实测结果判断硅桥击穿损坏。

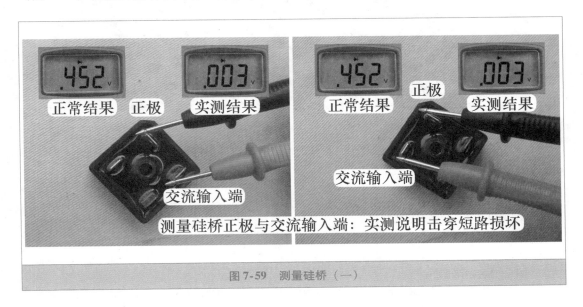

正常结果 正极 实测结果　　　　正常结果 正极 实测结果
交流输入端　　　　　　　　　交流输入端
测量硅桥正极与交流输入端：实测说明击穿短路损坏

图 7-59　测量硅桥（一）

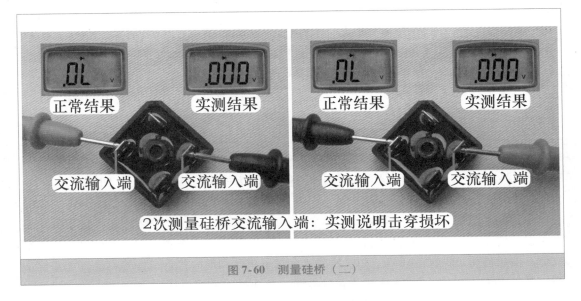

正常结果 实测结果　　　　正常结果 实测结果
交流输入端 交流输入端　　　交流输入端 交流输入端
2 次测量硅桥交流输入端：实测说明击穿损坏

图 7-60　测量硅桥（二）

➡ 维修措施：见图 7-61，更换硅桥。空调器接通电源，用遥控器开机，断路器不再跳闸保护，压缩机和室外风机均开始运行，制冷正常，故障排除。

图7-61　更换硅桥

总　结：

1）硅桥内部有4个整流二极管，有些品牌型号的变频空调器，如只击穿3个，只有1个未损坏，则有可能表现为室外机通电后断路器不会跳闸保护，但直流300V电压为0V，同时手摸PTC电阻发烫，其断开保护，表现现象和模块P-N端击穿相同。

2）也有些品牌型号的变频空调器，如硅桥只击穿内部1个二极管，而另外3个正常，室外机通电时断路器也会跳闸保护。

3）有些品牌型号的变频空调器，如硅桥只击穿内部1个二极管，而另外3个正常，也有可能表现为室外机刚通电时直流300V电压为直流200V左右，而后逐渐下降至直流30V左右，同时PTC电阻烫手。

4）同样为硅桥击穿短路故障，根据不同品牌型号的空调器、损坏的程度（即内部二极管击穿的数量）、PTC电阻特性、断路器容量大小，所表现的故障现象也各不相同，在实际维修时应加以判断。但总的来说，硅桥击穿一般表现为通电或开机后断路器跳闸。

五、　室外风机线圈漏电

➡ 故障说明：海尔KFR-35GW/05GJC23-DS挂式直流变频空调器，用户反映接通电源约30s后断路器跳闸，经其他网点维修人员检查后判断为模块损坏，要求上门更换。

1.检查模块和测量电源插头阻值

申请同型号模块后上门检查，直接到室外机取下顶盖，见图7-62左图，拔下模块板上引线，使用万用表二极管档测量模块P-N-U-V-W正向和反向符合二极管特性，无击穿故障；测量硅桥AC-N、AC-L、LI、N共4个端子正向和反向符合二极管特性，无击穿故障；测量PFC开关管LO、N端也无击穿故障，从而排除模块损坏。

恢复引线后将空调器通电试机，约30s后断路器跳闸，拔下空调器电源插头，见图7-62右图，使用万用表电阻档测量N与地阻值，约为7kΩ，确定空调器存在漏电故障。

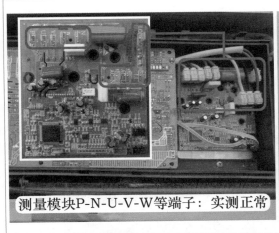
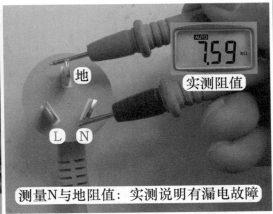

測量模块P-N-U-V-W等端子：实测正常　　測量N与地阻值：实测说明有漏电故障

图7-62　测量模块端子和插头N-地阻值

**2. 区分故障范围和测量室外风机线圈对地阻值**

为区分是室内机还是室外机故障，见图7-63左图，在室内机接线端子处断开室内外机连接线，再次测量电源插头N与地阻值，实测结果为无穷大，将电源插头插入插座，用遥控器开机，室内风机运行，同时断路器不再跳闸，说明故障在室外机。

室外机与N端直接相通的器件有硅桥、室外风机、四通阀线圈，而硅桥已测量正常，四通阀线圈很少损坏，判断故障最大的可能性在室外风机。使用万用表电阻档，见图7-63右图，测量室外机主板上室外风机插座焊点与地阻值，一表笔接高风焊点，另一表笔接冷凝器铁皮（相当于接地），实测阻值约7kΩ，说明室外风机有漏电故障。

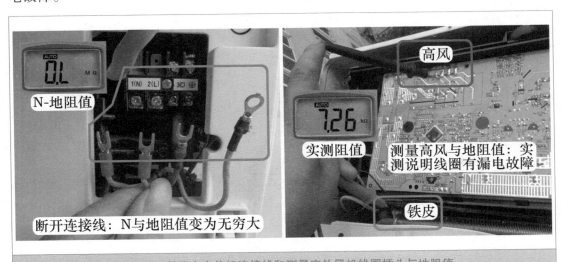

N-地阻值　　断开连接线：N与地阻值变为无穷大　　实测阻值　　测量高风与地阻值：实测说明线圈有漏电故障　　高风　　铁皮

图7-63　断开室内外机连接线和测量室外风机线圈插头与地阻值

**3. 取下室外风机插头单独测量**

见图7-64，拔下室外机主板上室外风机线圈插头和电容插头，依旧使用万用表电阻档测量阻值，一表笔接插头公共端引线，另一表笔接室外风机支架的固定螺钉（相当于接地），实测结果仍约为7kΩ，从而确定室外风机线圈存在漏电故障。

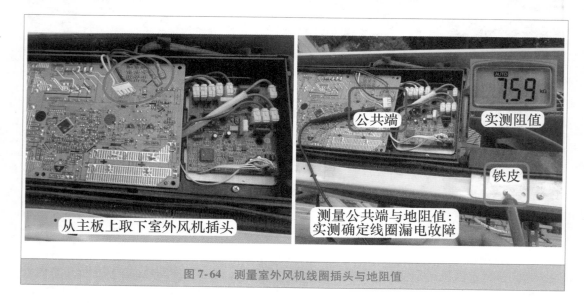

图 7-64　测量室外风机线圈插头与地阻值

**4. 测量线圈插头与外壳阻值**

取下室外风机，使用万用表电阻档，见图7-65，一表笔接铁壳，另一表笔分别接室外风机线圈公共端蓝线和电容棕线，实测阻值均约为7kΩ，正常阻值应为无穷大，从而确定室外风机损坏。

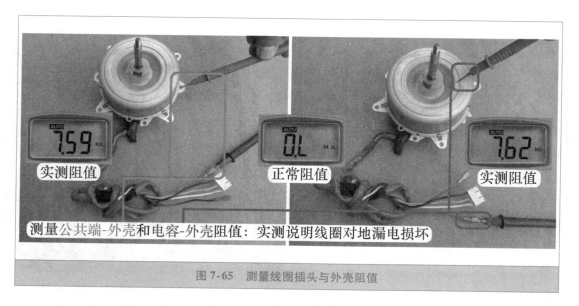

图 7-65　测量线圈插头与外壳阻值

**5. 更换室外风机**

申请同型号室外风机后，见图7-66左图，将室外风机线圈插头和电容插头插在室外机主板，再次通电开机，室外风机和压缩机均开始运行，同时断路器不再跳闸。

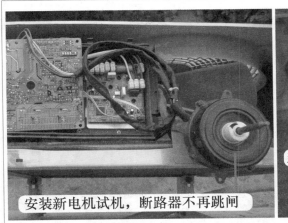

损坏的电机

新更换的电机

安装新电机试机，断路器不再跳闸

图 7-66　更换室外风机

➡ 维修措施：见图 7-36 右图，更换室外风机。

**总　结：**

1）变频空调器压缩机供电由交流 220V 经整流、300V 滤波、模块处理后提供，因此压缩机线圈漏电很少出现通电后断路器跳闸的故障，或者说测量电源插头 N 与地阻值时不为漏电阻值，而是接近无穷大。

2）模块的直流 300V 供电由滤波电容提供，而滤波电容通电后充电时经 PTC 电阻限流，因而模块短路或硅桥短路时，PTC 电阻由于负载短路电流过大，其温度急剧上升，阻值开路，室外机无供电，因此不会引起通电后断路器跳闸的故障。

### 室外风机线圈短路时内部图片

某挂式定频空调器，通电后断路器跳闸，在室内机断开室内外机连接线后正常，判断故障在室外机，检查压缩机线圈正常，检查室外风机线圈对地有漏电阻值，取下室外风机后打开外壳，见图 7-67，转子上面有明显的打火痕迹。

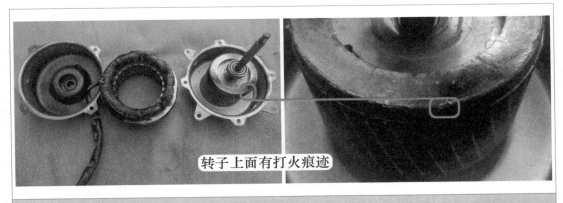

转子上面有打火痕迹

图 7-67　转子上面有打火痕迹

　　观察定子上线圈，见图7-68，内侧和外侧均有明显的打火痕迹，说明室外风机线圈由于某种原因导致打火，与定子绝缘性能下降有漏电阻值，出现通电后断路器跳闸的故障。

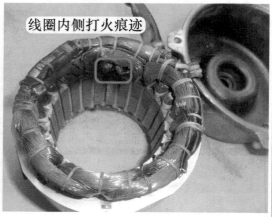

线圈外侧打火痕迹　　　线圈内侧打火痕迹

图7-68　线圈上面的打火痕迹